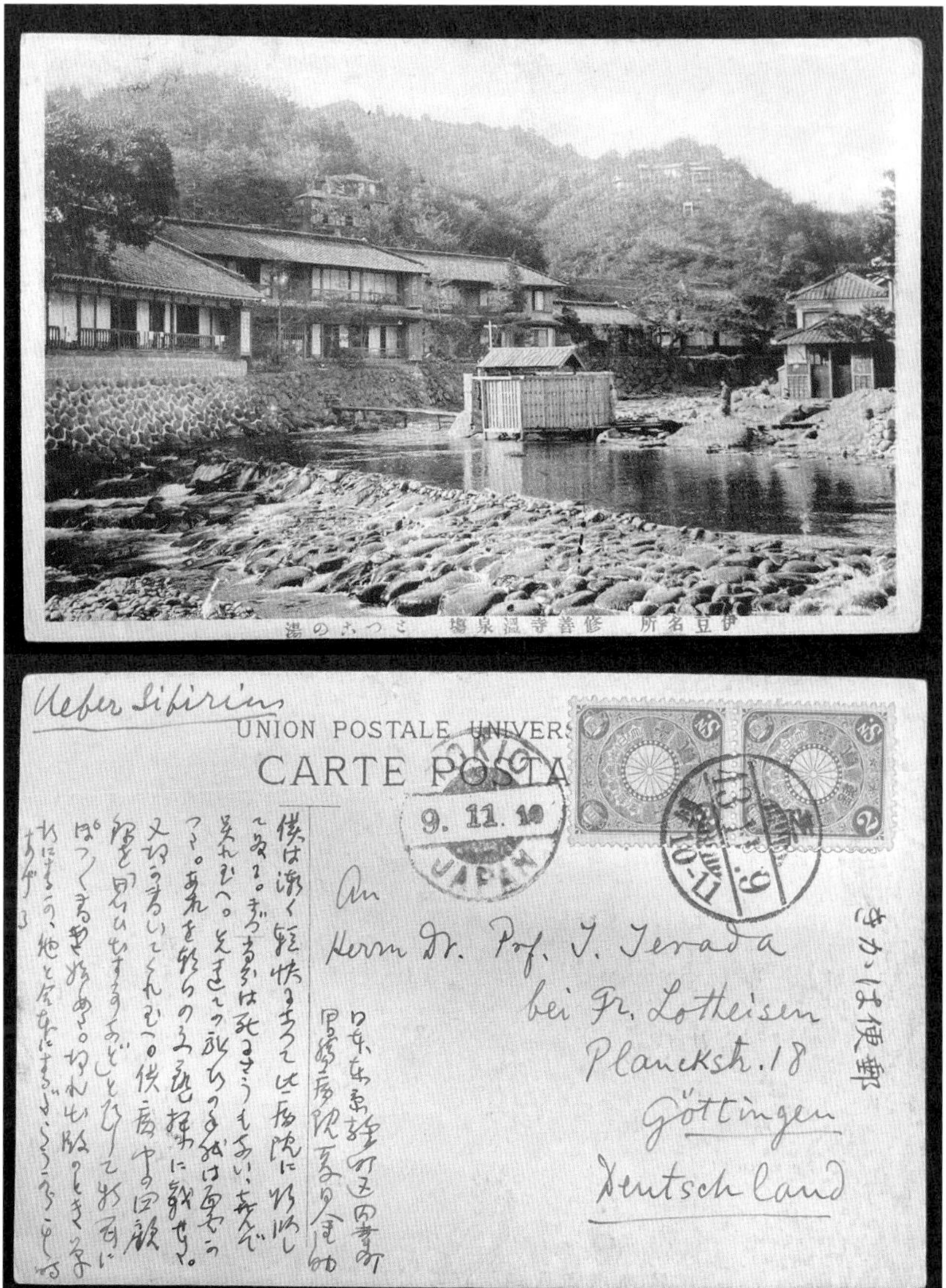


▲ドイツ滞在中の寺田寅彦宛て夏目漱石絵葉書（高知県立文学館所蔵）
（明治43年11月9日（水）付、以下は翻刻、川島禎子氏の解説も参照）

Bei Frau Lotheisen, Planckstrasse 18, Göttingen, Deutschland
日本 東京 麹町区内幸町胃腸病院 夏目金之助
僕は漸く軽快になつて此病院に帰臥してゐる。まづ当分は死にさうもない、喜んで呉れ玉へ。先達ての旅行の手紙は面白かつた。あれを朝日の文芸欄に載せた。又何か書いてくれ玉へ。僕病中の回顧録を「思ひ出す事など」と題して新聞にぽつぽつ書き始めた。何れ出版のとき単行にするか、他と合本にするだらうから其時あげる

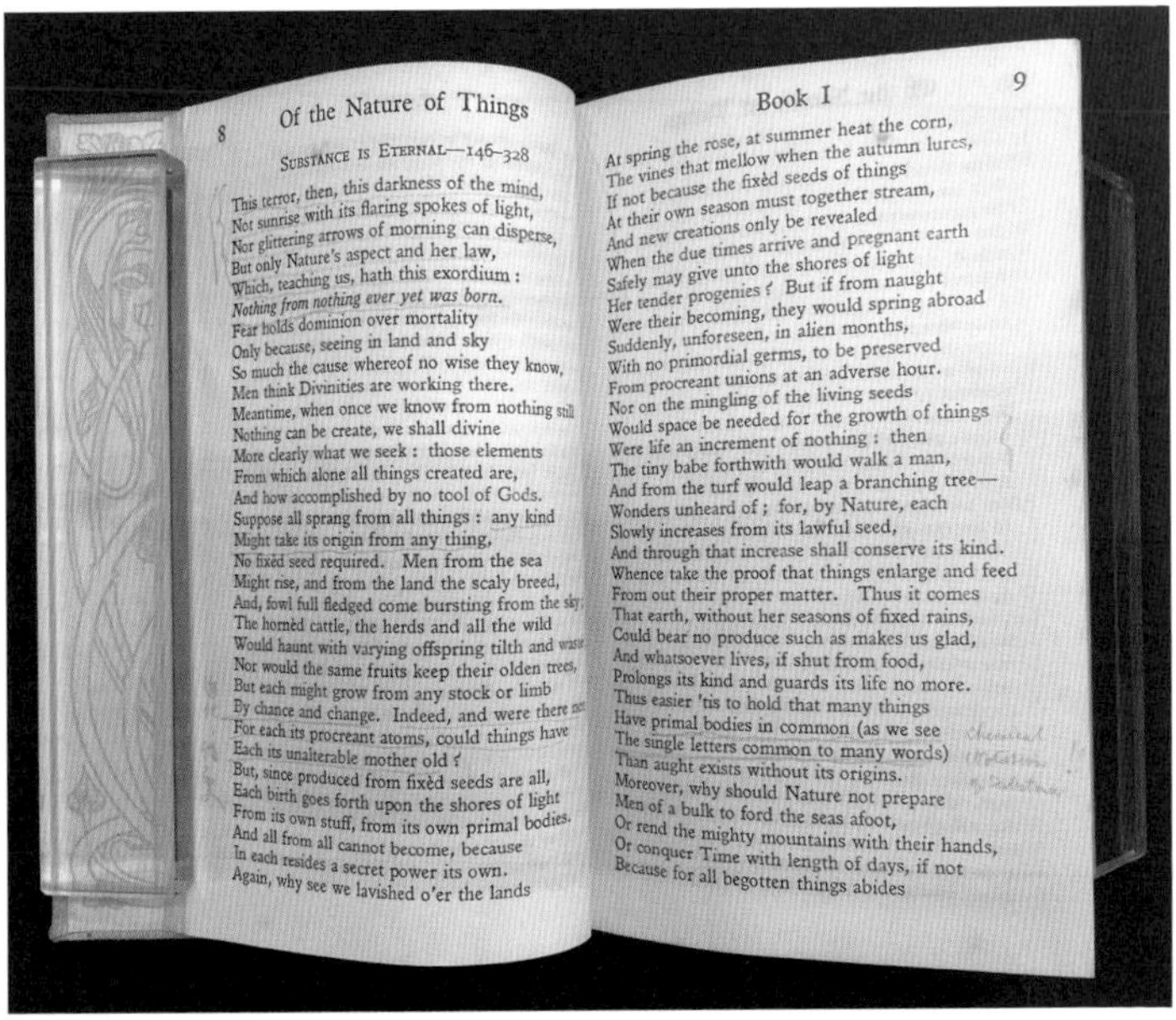


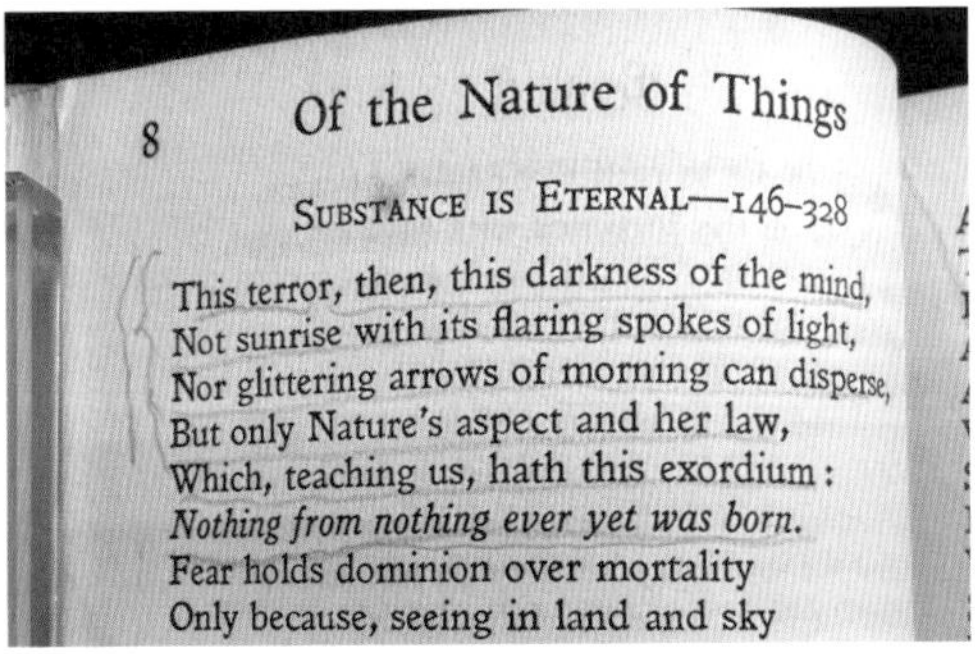


▲寅彦が読んでいたルクレティウス『物の本質について』(De Rerum Natura)の英訳版(Of the Nature of Things : A Metrical Translation by W. E. Leonard)。
川島禎子氏の解説も参照(高知県立文学館所蔵)。

写真は第1巻のリフレイン句(赤線の書き込み)。寅彦は「ルクレチウスと科学」で、「どこかの科学研究所の喫煙室の壁にでも記銘しておいてふさわしいものである」と書いている。この句の寅彦訳は、「この恐れ、それから、この心の暗さは、のぼる日のひらめく光線も、朝のまぶしい光の矢でも散らすことができないが、自然の光景とその法則だけが、われわれを教えて、その序説にいう、無からはいまだかつて何ものも生まれたことがないと。」(「ルクレチウスと科学　一」より)。

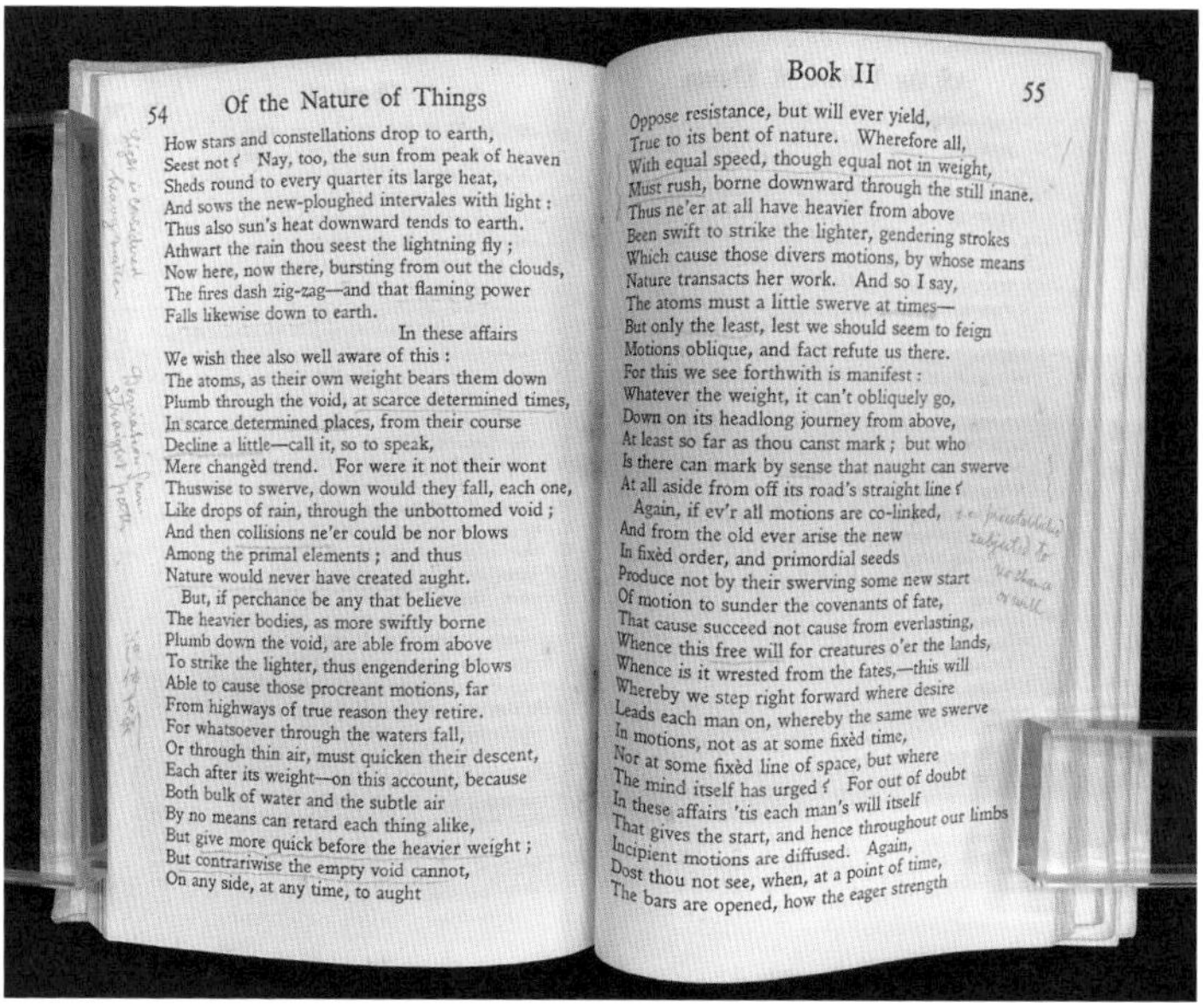

54 Of the Nature of Things

How stars and constellations drop to earth,
Seest not? Nay, too, the sun from peak of heaven
Sheds round to every quarter its large heat,
And sows the new-ploughed intervales with light:
Thus also sun's heat downward tends to earth.
Athwart the rain thou seest the lightning fly;
Now here, now there, bursting from out the clouds,
The fires dash zig-zag—and that flaming power
Falls likewise down to earth.
In these affairs
We wish thee also well aware of this:
The atoms, as their own weight bears them down
Plumb through the void, at scarce determined times,
In scarce determined places, from their course
Decline a little—call it, so to speak,
Mere changèd trend. For were it not their wont
Thuswise to swerve, down would they fall, each one,
Like drops of rain, through the unbottomed void;
And then collisions ne'er could be nor blows
Among the primal elements; and thus
Nature would never have created aught.
But, if perchance be any that believe
The heavier bodies, as more swiftly borne
Plumb down the void, are able from above
To strike the lighter, thus engendering blows
Able to cause those procreant motions, far
From highways of true reason they retire.
For whatsoever through the waters fall,
Or through thin air, must quicken their descent,
Each after its weight—on this account, because
Both bulk of water and the subtle air
By no means can retard each thing alike,
But give more quick before the heavier weight;
But contrariwise the empty void cannot,
On any side, at any time, to aught

Book II 55

Oppose resistance, but will ever yield,
True to its bent of nature. Wherefore all,
With equal speed, though equal not in weight,
Must rush, borne downward through the still inane.
Thus ne'er at all have heavier from above
Been swift to strike the lighter, gendering strokes
Which cause those divers motions, by whose means
Nature transacts her work. And so I say,
The atoms must a little swerve at times—
But only the least, lest we should seem to feign
Motions oblique, and fact refute us there.
For this we see forthwith is manifest:
Whatever the weight, it can't obliquely go,
Down on its headlong journey from above,
At least so far as thou canst mark; but who
Is there can mark by sense that naught can swerve
At all aside from off its road's straight line?
Again, if ev'r all motions are co-linked,
And from the old ever arise the new
In fixèd order, and primordial seeds
Produce not by their swerving some new start
Of motion to sunder the covenants of fate,
That cause succeed not cause from everlasting,
Whence this free will for creatures o'er the lands,
Whence is it wrested from the fates,—this will
Whereby we step right forward where desire
Leads each man on, whereby the same we swerve
In motions, not as at some fixèd time,
Nor at some fixèd line of space, but where
The mind itself has urged? For out of doubt
In these affairs 'tis each man's will itself
That gives the start, and hence throughout our limbs
Incipient motions are diffused. Again,
Dost thou not see, when, at a point of time,
The bars are opened, how the eager strength



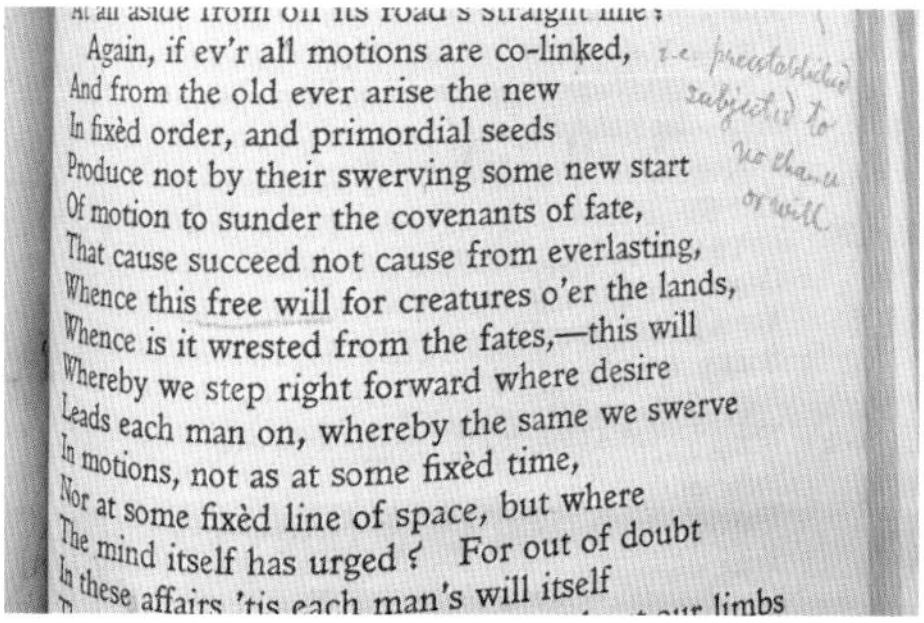

At all aside from off its road's straight line?
Again, if ev'r all motions are co-linked,
And from the old ever arise the new
In fixèd order, and primordial seeds
Produce not by their swerving some new start
Of motion to sunder the covenants of fate,
That cause succeed not cause from everlasting,
Whence this free will for creatures o'er the lands,
Whence is it wrested from the fates,—this will
Whereby we step right forward where desire
Leads each man on, whereby the same we swerve
In motions, not as at some fixèd time,
Nor at some fixèd line of space, but where
The mind itself has urged? For out of doubt
In these affairs 'tis each man's will itself



▲寅彦が読んでいたルクレティウス『物の本質について』(De Rerum Natura)の英訳版(Of the Nature of Things : A Metrical Translation by W. E. Leonard)。川島禎子氏の解説も参照(高知県立文学館所蔵)。

写真は第2巻の元子の運動と自由意志に関する箇所(251-293行)で、寅彦は「free will」に赤線を引き、「i.e. preestablished subjected to no chance or will」という書き込みもしている。この解説として、「少なくともなんらかの確定的の方則によって支配されているならば、すべての世界の現象は全然予定的に進行するのみであって、その間になんら「自由」なる意志の現われ得べき余地はないのである。」(「ルクレチウスと科学　二」より)がある。寅彦は、「従って当然の必要から彼は意志の根源を彼の元子に附与したのである。」と帰結し、本書「金米糖」後半にある原子の個性の可能性や生命の起原へと私見を展開している。

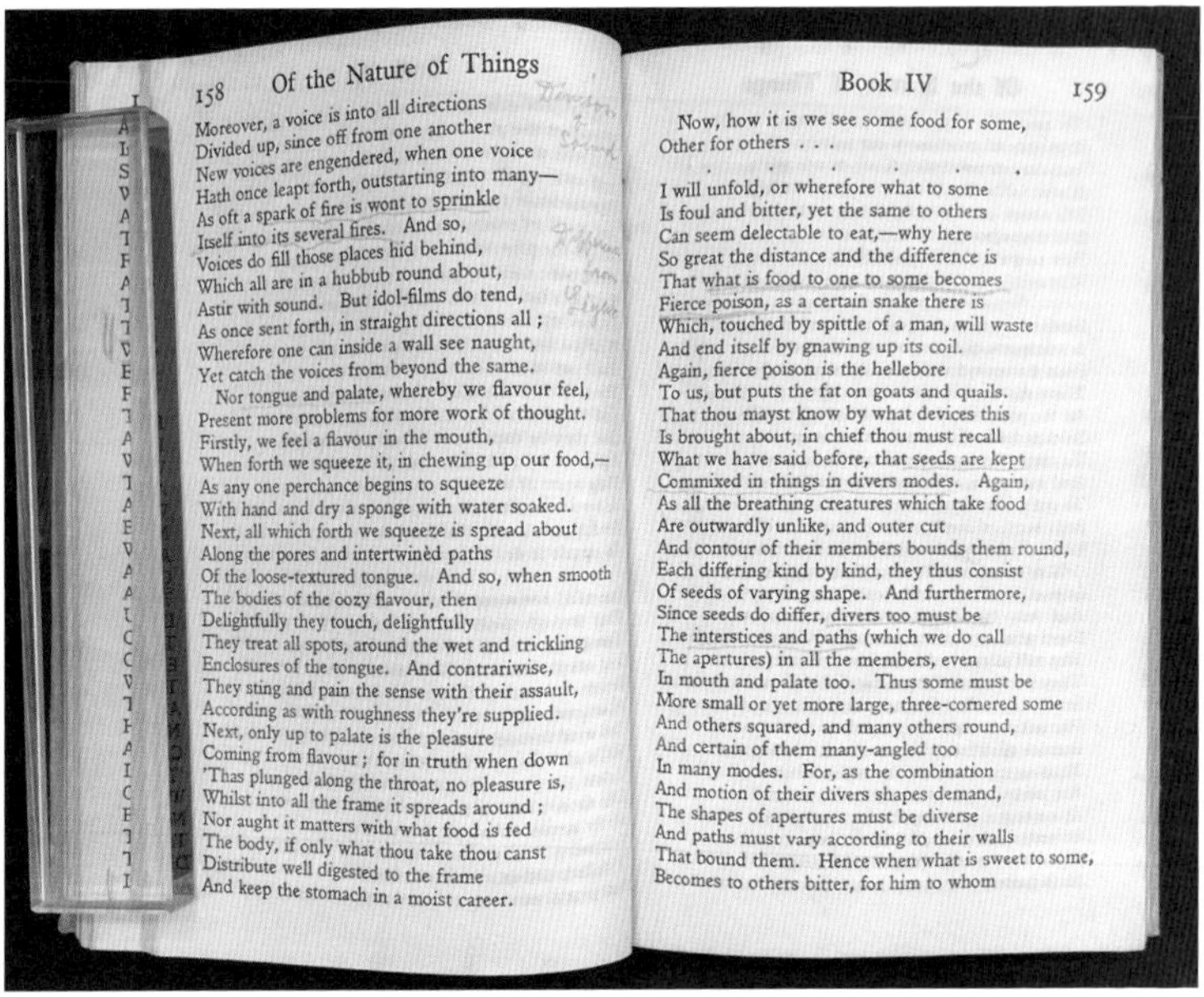

158 Of the Nature of Things

Moreover, a voice is into all directions
Divided up, since off from one another
New voices are engendered, when one voice
Hath once leapt forth, outstarting into many—
As oft a spark of fire is wont to sprinkle
Itself into its several fires. And so,
Voices do fill those places hid behind,
Which all are in a hubbub round about,
Astir with sound. But idol-films do tend,
As once sent forth, in straight directions all ;
Wherefore one can inside a wall see naught,
Yet catch the voices from beyond the same.
Nor tongue and palate, whereby we flavour feel,
Present more problems for more work of thought.
Firstly, we feel a flavour in the mouth,
When forth we squeeze it, in chewing up our food,—
As any one perchance begins to squeeze
With hand and dry a sponge with water soaked.
Next, all which forth we squeeze is spread about
Along the pores and intertwinèd paths
Of the loose-textured tongue. And so, when smooth
The bodies of the oozy flavour, then
Delightfully they touch, delightfully
They treat all spots, around the wet and trickling
Enclosures of the tongue. And contrariwise,
They sting and pain the sense with their assault,
According as with roughness they're supplied.
Next, only up to palate is the pleasure
Coming from flavour ; for in truth when down
'Thas plunged along the throat, no pleasure is,
Whilst into all the frame it spreads around ;
Nor aught it matters with what food is fed
The body, if only what thou take thou canst
Distribute well digested to the frame
And keep the stomach in a moist career.

Book IV 159

Now, how it is we see some food for some,
Other for others . . .
. . . . .
I will unfold, or wherefore what to some
Is foul and bitter, yet the same to others
Can seem delectable to eat,—why here
So great the distance and the difference is
That what is food to one to some becomes
Fierce poison, as a certain snake there is
Which, touched by spittle of a man, will waste
And end itself by gnawing up its coil.
Again, fierce poison is the hellebore
To us, but puts the fat on goats and quails.
That thou mayst know by what devices this
Is brought about, in chief thou must recall
What we have said before, that seeds are kept
Commixed in things in divers modes. Again,
As all the breathing creatures which take food
Are outwardly unlike, and outer cut
And contour of their members bounds them round,
Each differing kind by kind, they thus consist
Of seeds of varying shape. And furthermore,
Since seeds do differ, divers too must be
The interstices and paths (which we do call
The apertures) in all the members, even
In mouth and palate too. Thus some must be
More small or yet more large, three-cornered some
And others squared, and many others round,
And certain of them many-angled too
In many modes. For, as the combination
And motion of their divers shapes demand,
The shapes of apertures must be diverse
And paths must vary according to their walls
That bound them. Hence when what is sweet to some,
Becomes to others bitter, for him to whom

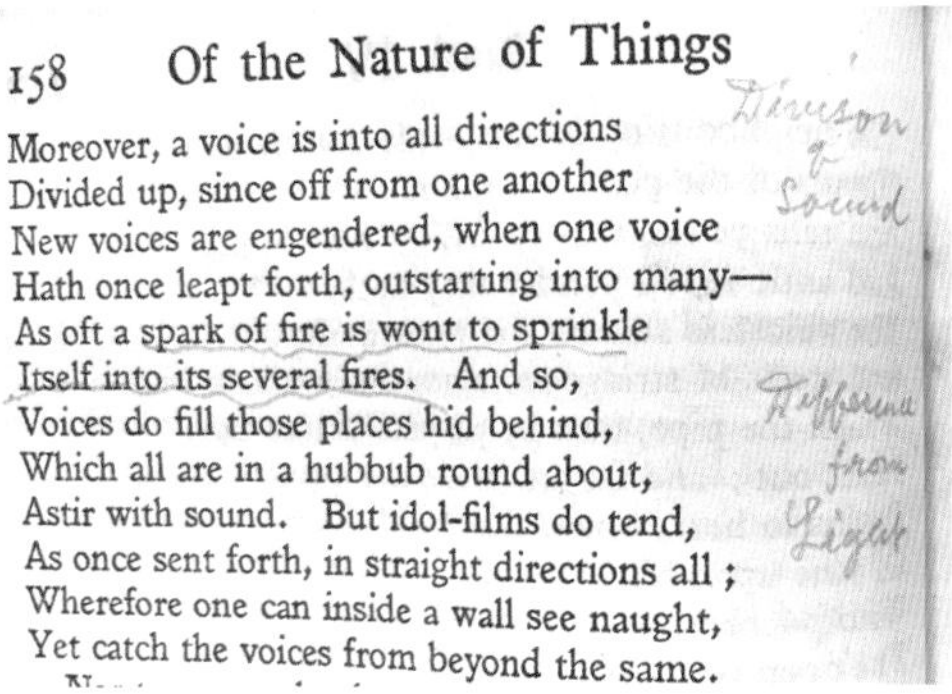

158 Of the Nature of Things

Moreover, a voice is into all directions
Divided up, since off from one another
New voices are engendered, when one voice
Hath once leapt forth, outstarting into many—
As oft a spark of fire is wont to sprinkle
Itself into its several fires. And so,
Voices do fill those places hid behind,
Which all are in a hubbub round about,
Astir with sound. But idol-films do tend,
As once sent forth, in straight directions all ;
Wherefore one can inside a wall see naught,
Yet catch the voices from beyond the same.


▲寅彦が読んでいたルクレティウス『物の本質について』(De Rerum Natura)の英訳版(Of the Nature of Things : A Metrical Translation by W. E. Leonard)。
川島禎子氏の解説も参照(高知県立文学館所蔵)。

写真は第4巻の音の回折と火花の例えに関する箇所(595–614行)で、寅彦は「spark of fire」にも下線を引き、「Division of Sound」(音の分割)や「Difference from Light」(光との相違)といった書き込みもしている。この解説として、「面白いのは音の廻折の事実を述べてあるところに、ホイゲンスの原理に似た考えが認められる。すなわち一つの音から次の音が生れる。丁度一つの火花から多くの火花が生れるようだと云っているのである。」(「ルクレチウスと科学　四」より)がある。

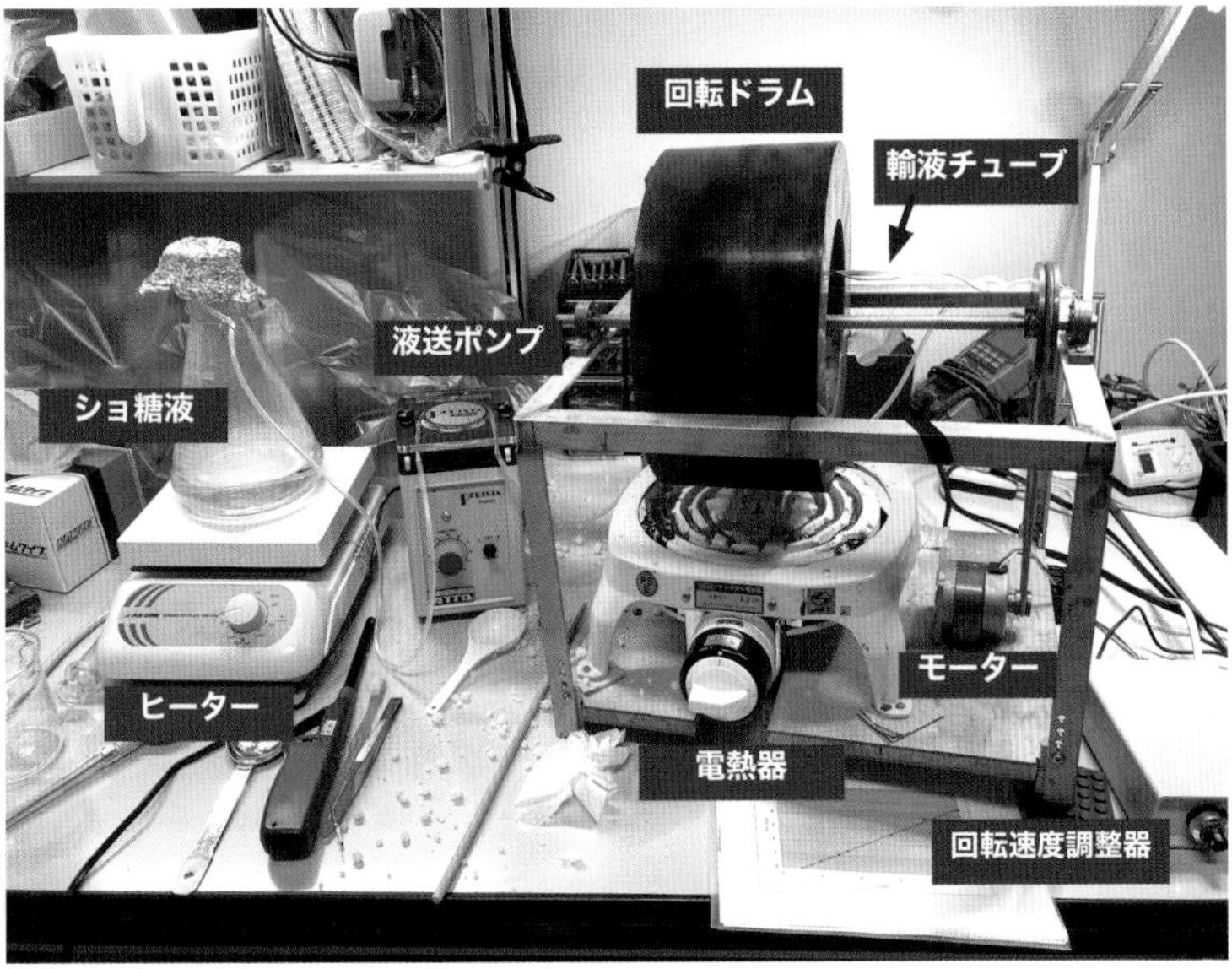


▲実験に用いたドラム式金米糖作成装置の全景。ドラムの直径は24cm。
（早川美徳氏の本文解説参照）

▲ドラムの中で金米糖が成長している様子。シリコンチューブの先端から高濃度のショ糖水溶液を少量ずつ滴下している。（早川美徳氏の本文解説参照）

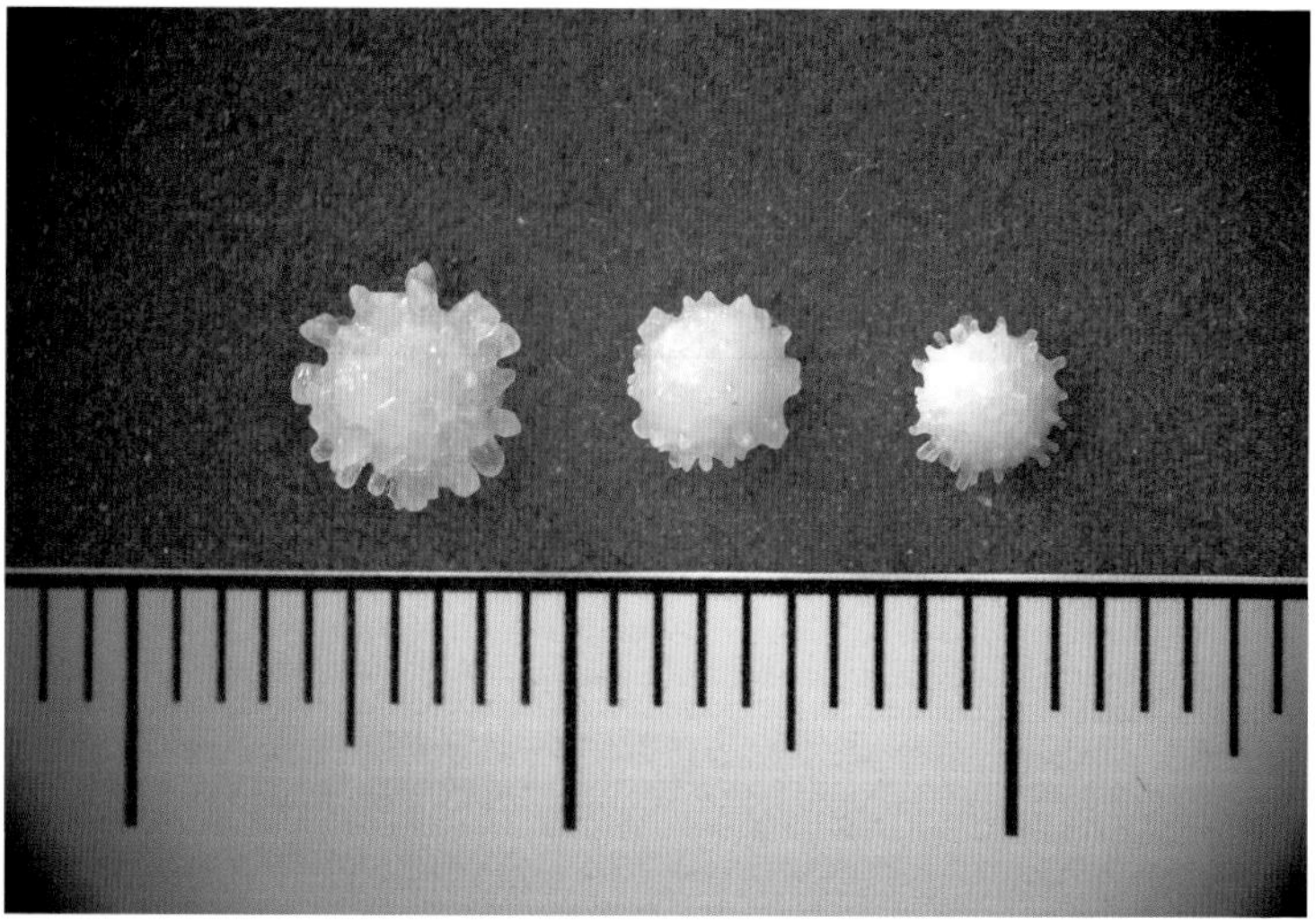

▲成長を始めてから比較的初期の金米糖。目盛りは1mm。直径3mmの球形粒子(タピオカパール)から出発すると、細かい「棘」が生え(右)、角が太りながら粒径も成長する(中央、左)。(早川美徳氏の本文解説参照)

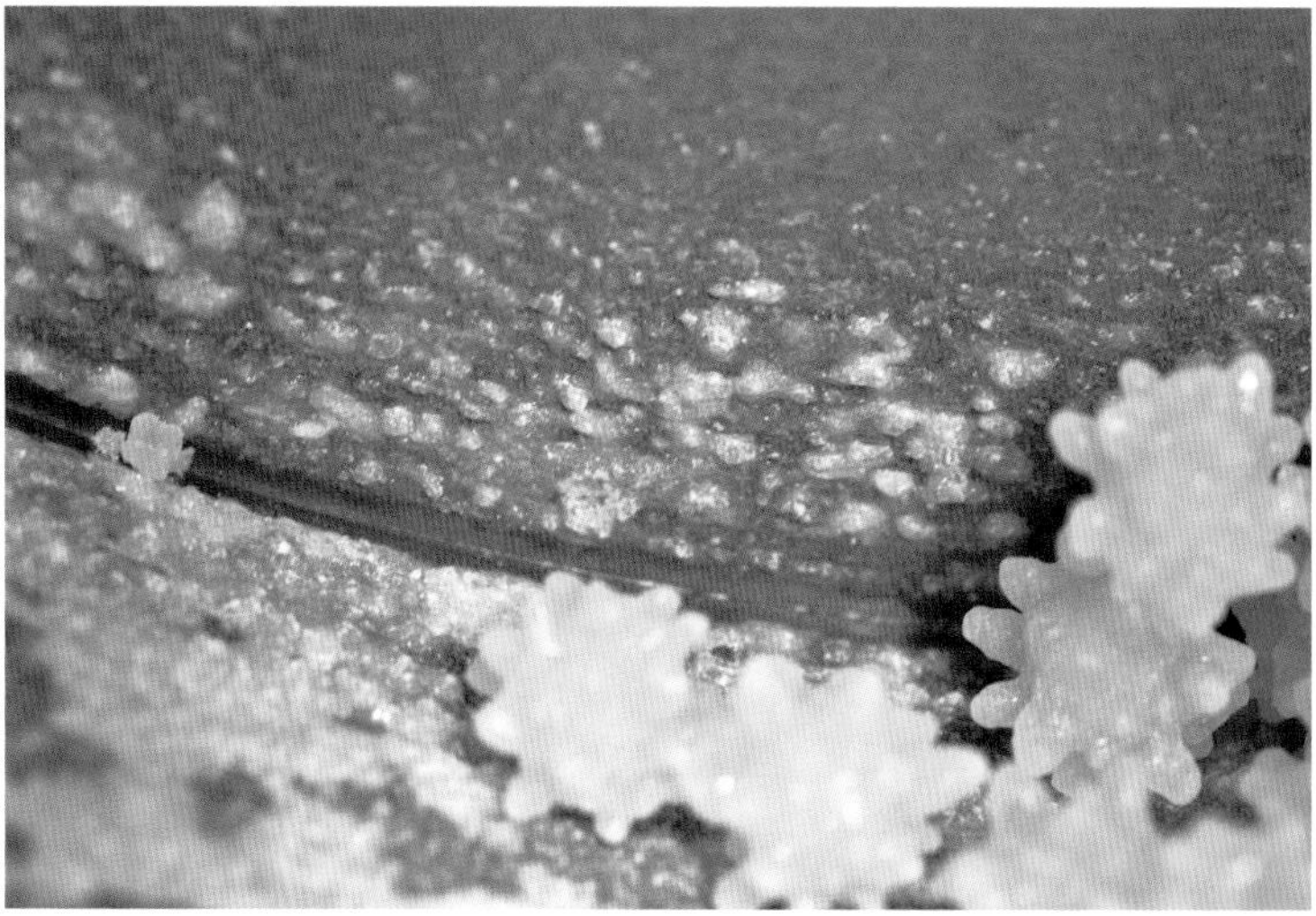

▲成長の途中でドラムの壁面にできる凹凸の様子。凹凸の間隔と大きさは、成長中の金米糖のそれに近い。（早川美徳氏の本文解説参照）

線香花火の４つの段階（蕾・牡丹・松葉・散菊）
（井上智博氏の本文解説も参照）

▲『蕾』は点火後の段階で、固体成分が残る粗い表面の火球を形成する。

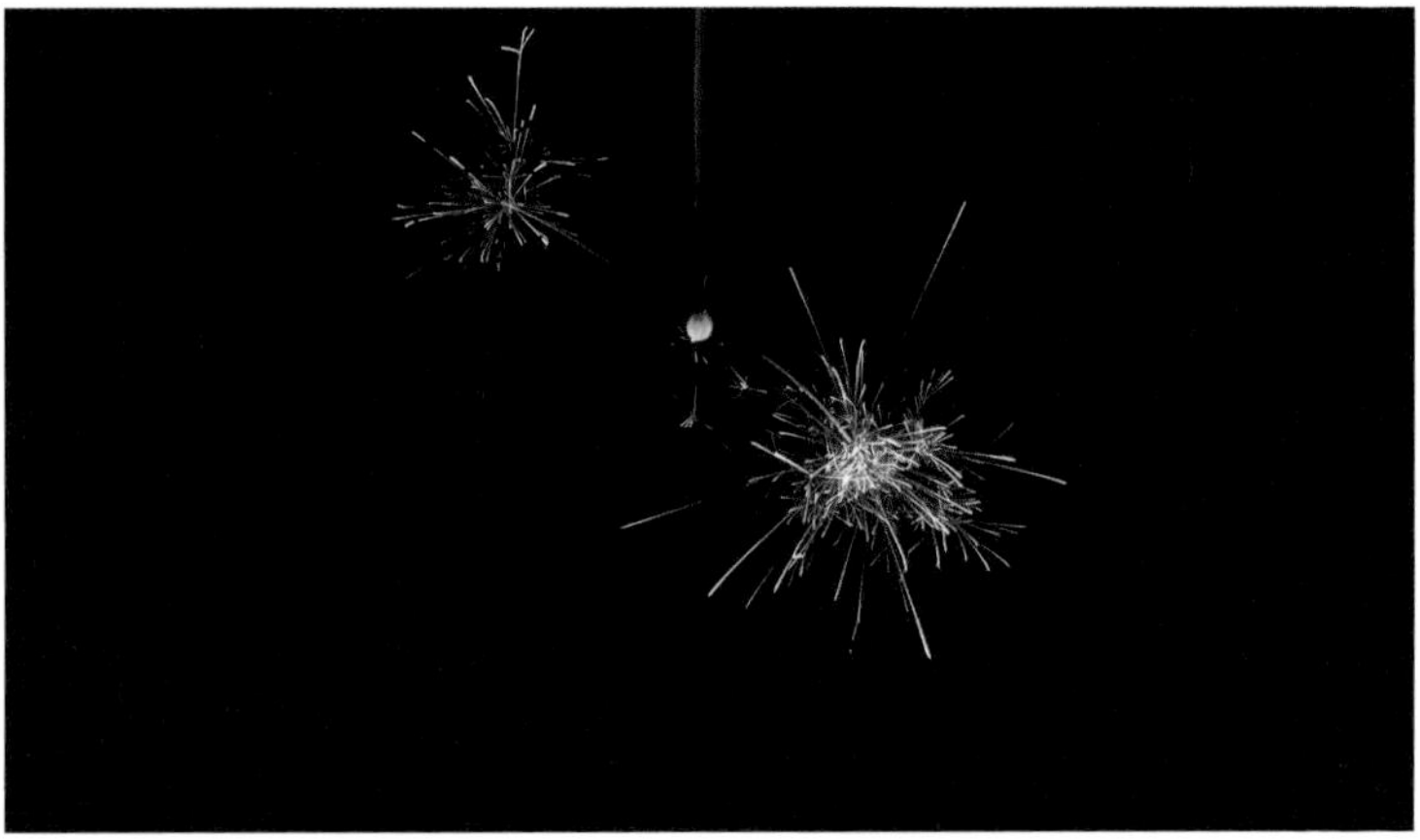

▲『牡丹』は球形の火球から勢いよく火花が飛び出す。

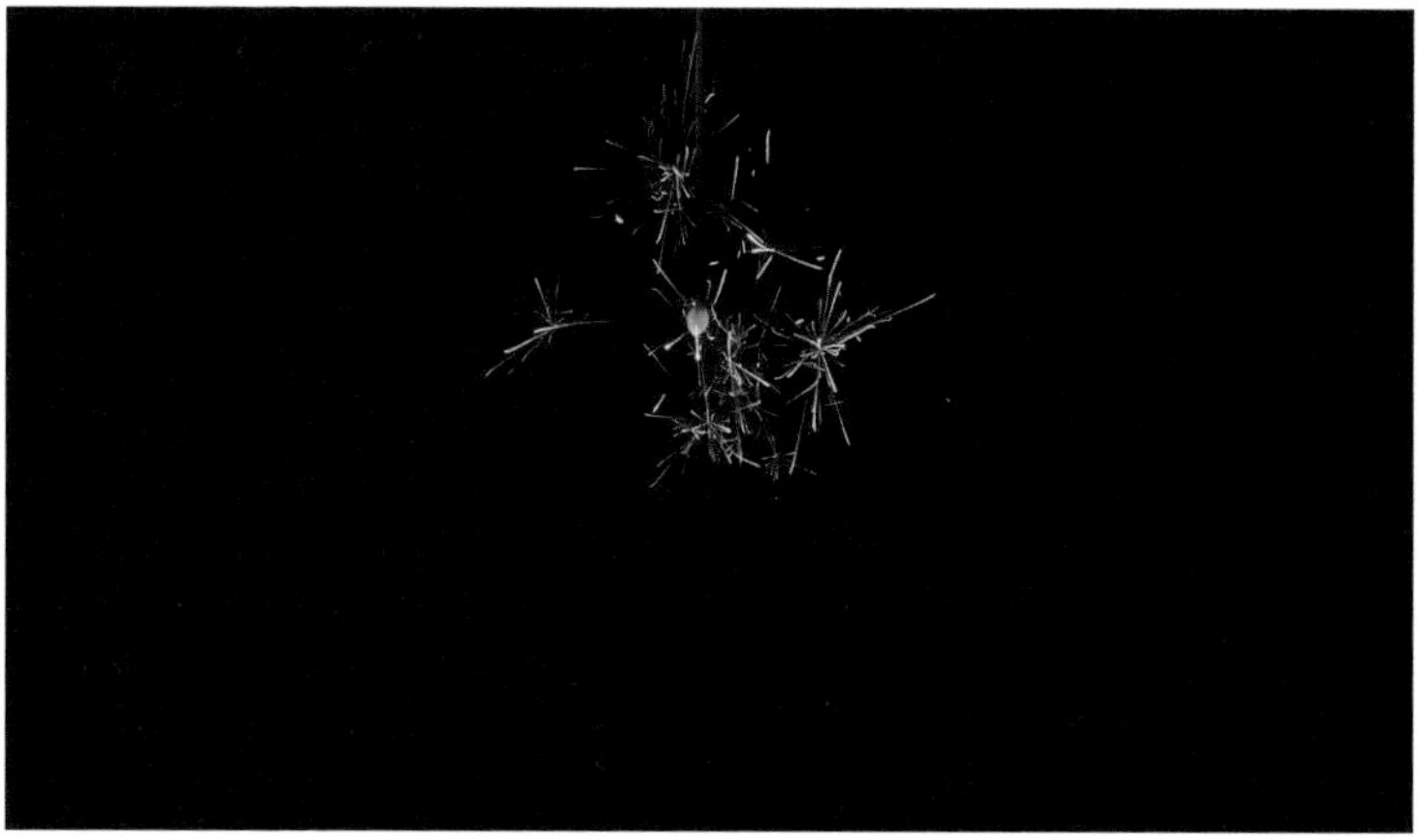

▲『松葉』は紡錘型の火球から多数の火花が飛び出す。

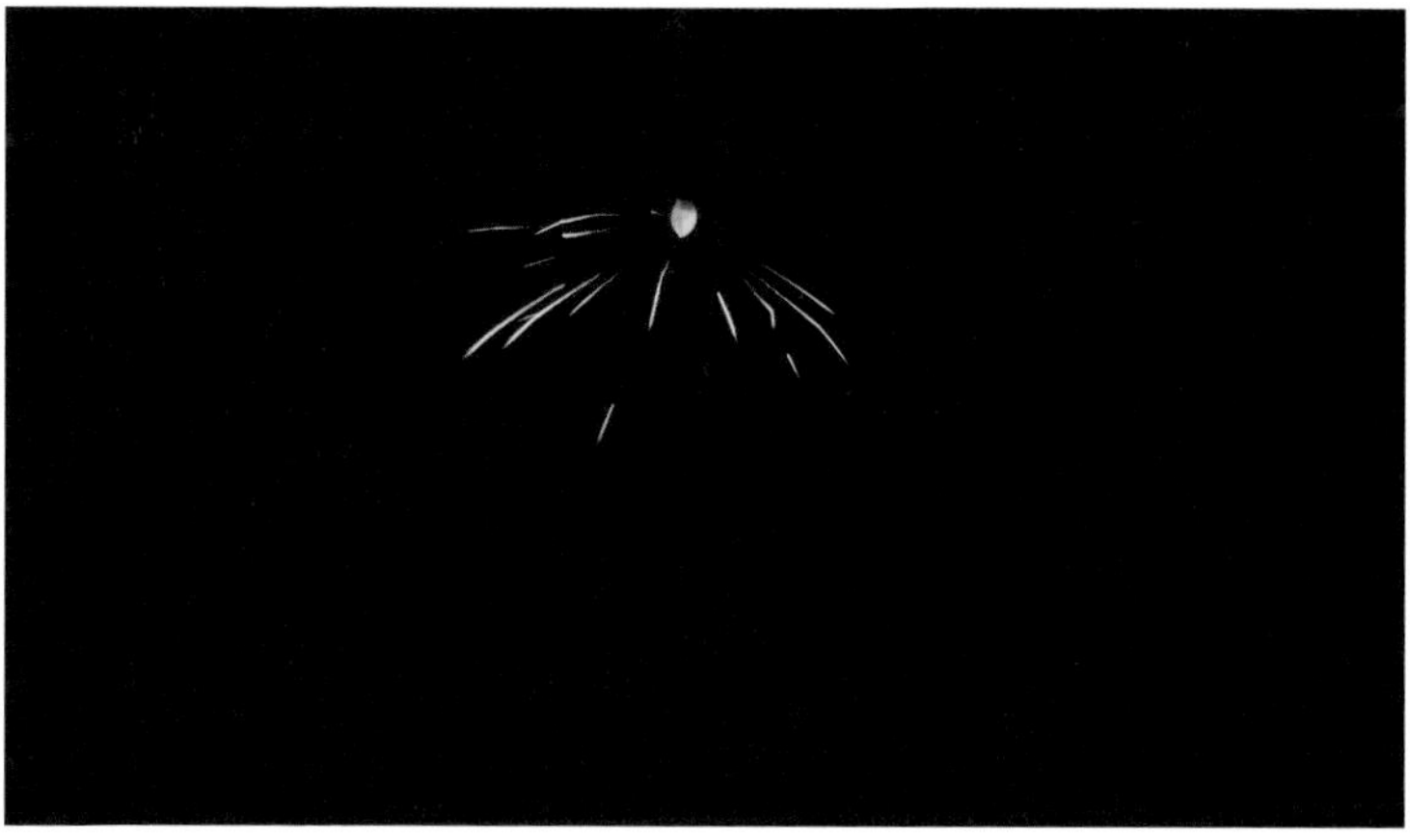

▲『散菊』は火花が儚く散る。

▲線香花火（松葉）（井上智博氏の本文解説参照）

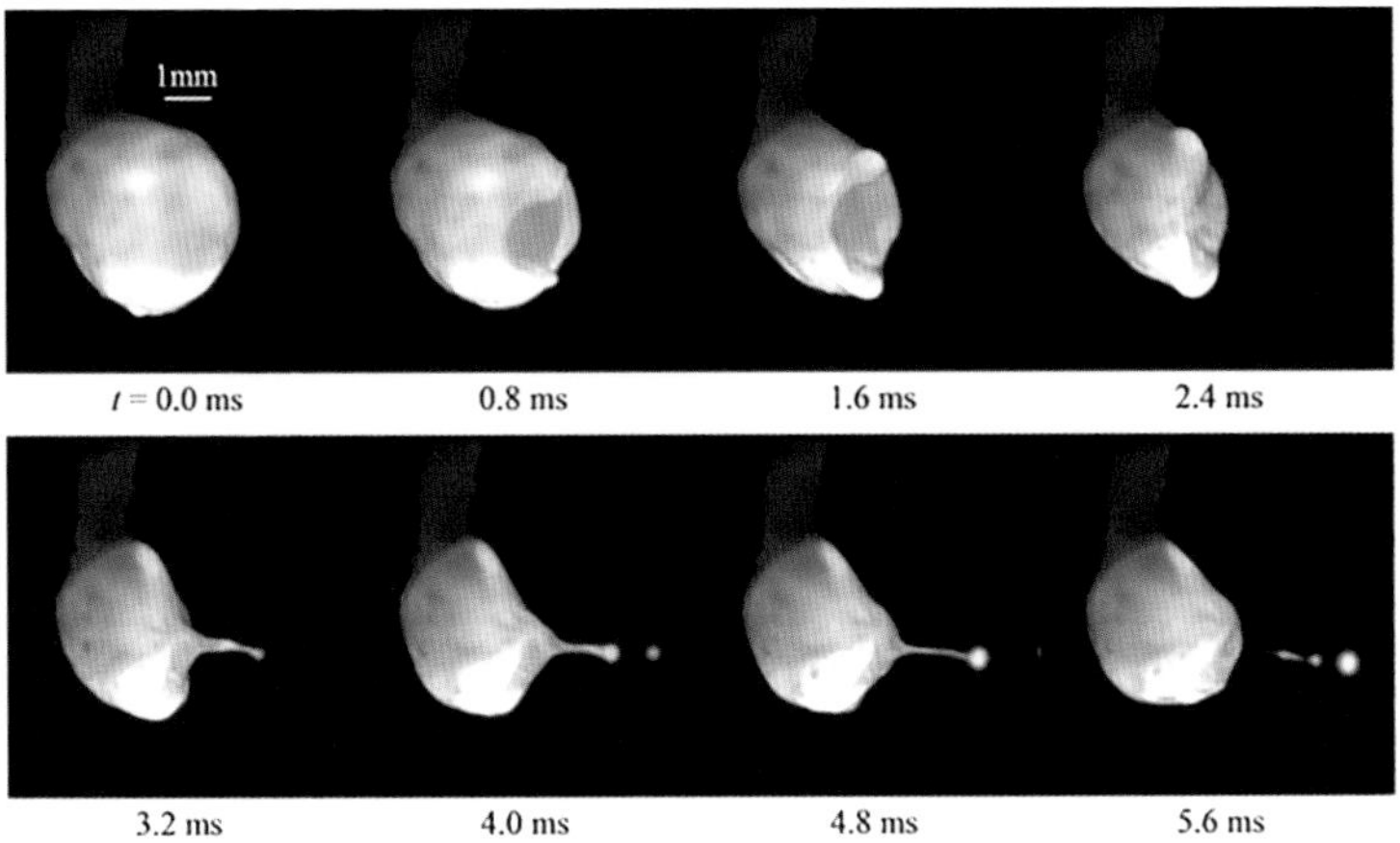


▲火球から飛び出す火花（井上智博氏の本文解説参照）

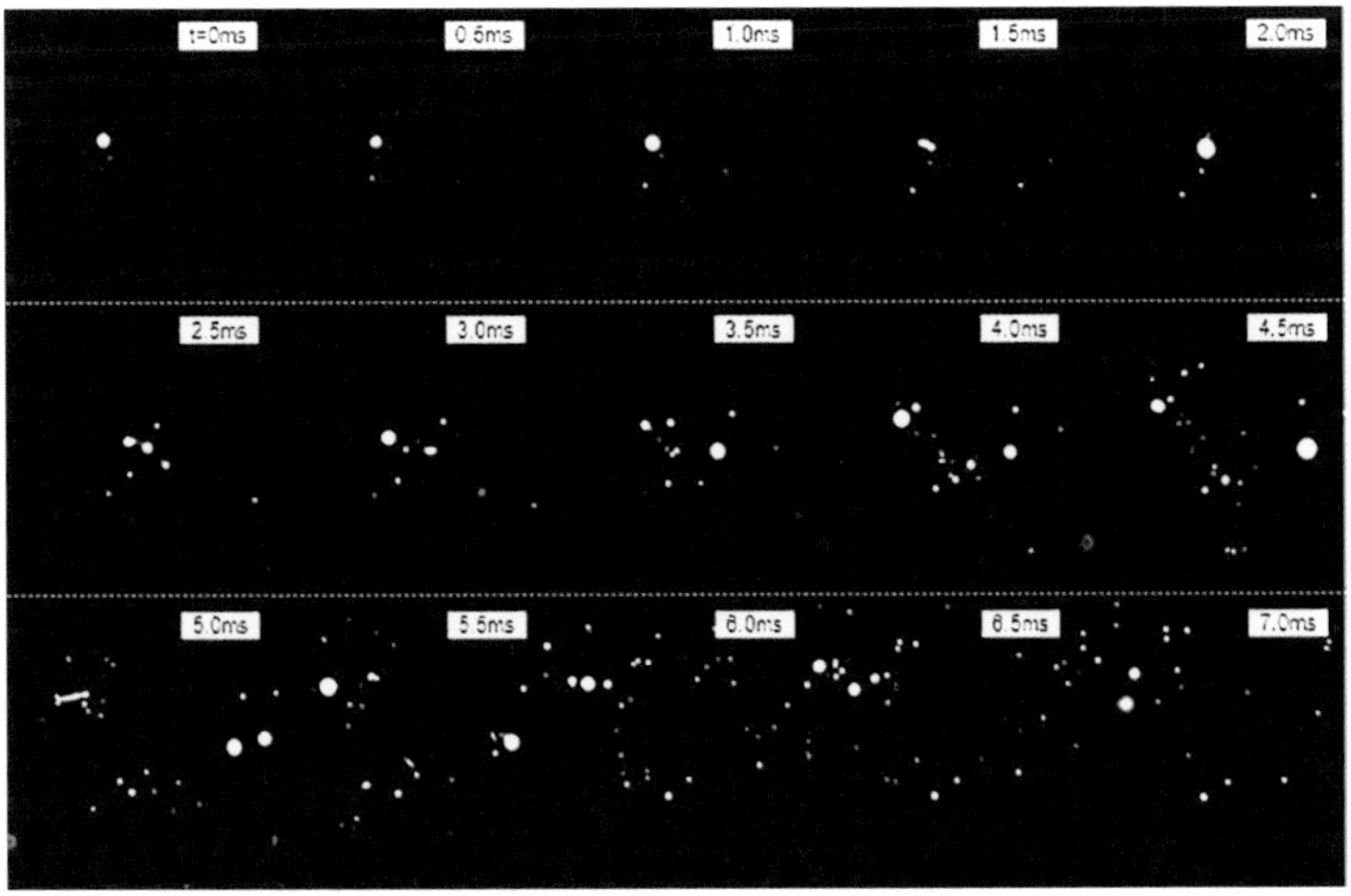


▲何度も破裂する火花（井上智博氏の本文解説参照）

▲打揚花火（新潟県小千谷市片貝まつり）（井上智博氏の本文解説参照）

# 寺田寅彦「線香花火」「金米糖」を読む

松下貢
早川美徳
井上智博
川島禎子

窮理舎

三毛のお墓に花が散る
こん〳〵こゞめの花が散る
小窓に鳥影小鳥影
「小鳥の夢でも見てゐるか」

三毛のお墓に雪がふる
こん〳〵小窓に雪がふる
炬燵蒲団《こたつぶとん》の紅《くれない》も
「三毛が居ないで淋しいな」

（昭和三年二月『渋柿』一六六号より）

# まえがき

本書では寺田寅彦（明治十一（一八七八）年～昭和十（一九三五）年）の代表的な科学随筆である「線香花火」と「金米糖」を取り上げ、彼のほかの随筆も加味しながらこれらを多角的に読み解くことを試みている。寺田寅彦は文豪 夏目漱石が深く信頼していた彼の一番弟子であり、自然や社会、文化・文明、科学・技術、芸術など信じられないほど多方面にわたる数々の素晴らしい随筆を書き残したために、一般には随筆家あるいは文学者と思われている。しかし、「金米糖」を一読してわかるように、このような科学的な含蓄に富んだ随筆は専門的な科学者でなければ書けるものではない。実際、寺田寅彦の本職は東京帝国大学理学部物理学科の教授であり、理化学研究所や東京帝国大学地震研究所の所員なども兼務していたのであって、それらの分野ではよく知られた科学者であった。したがって、今でも一般の人たちに随筆家と思われているほうが、筆者にとってよほどの驚きである。

本書のメインテーマである線香花火と金米糖（金平糖とも記す）は、子供でもよく知っているかと思う。線香花火はほかの花火に比べて小さく、輝きも単色に近くて、決して華やかなものではない。金米糖は近頃ではそんなによく見かけるわけではないが、昔からよく知られている砂糖菓子である。

そのうえ、両者とも日本固有のものである。それにもかかわらず、寅彦はなぜこれらを科学随筆のテーマに取り上げたのであろうか。

明治の開国当時、日本の科学・技術が西欧に甚だしく遅れていることは誰の目にも明らかであった。そのためにわが国では西欧からの科学・技術の無批判的な取入れと追随に忙しく、独自のアイデアを出して研究することにはおろそかになる傾向が強かった。もちろん、寅彦にも研究者としてスタートした当初はこの傾向があった。しかし、彼は研究者としての地歩を固めるにつれて西欧追随のこの風潮に飽き足らなくなり、全く独自の視点で自然や日常身辺に見られる現象に注目するようになっていった。その具体例が金米糖であり、線香花火だったのである。

自戒を込めての話であるが、子供のころは誰もが大人になった今よりはるかに好奇心が強かったはずである。そして子供ならごく普通に「金米糖の角《つの》はどうしてできるの?」「あんなに小さな線香花火がなぜ次々に枝分かれして光るの?」と疑問を持つに違いない。寅彦は、まさしく好奇心の強い子供のようにそれらを不思議に思い、そこに重要で独創的な科学の芽があるのではないかと考えて、科学的な考察をめぐらしたのである。

科学の主流では、何かわからないコトやモノがあると、それをより単純な形に分解し、細かくしたものについて詳しく調べるという傾向がある。しかし、金米糖の角が不思議だからといってそれを分解すると小さな砂糖の粒が見つかるだけで、角がなぜできるのかはわからない。線香花火の不思議な枝分かれも同様である。金米糖の角は角として、線香花火の枝分かれは枝分かれとして詳しく観察し、でき方を科学的に追求しなければ、その面白さや不思議さは理解できないであろう。このような考え方は正統的な科学の流れとあまりにも相違していたために、当時の科学者はこの種の問題に興味を示さなかったが、寅彦は違った。なぜであろうか。

改めて言うまでもなく、自然の美しさはまさしく全体として見なければ意味をなさない。寅彦はもしかしたら自然や日常身辺で起きるいろいろな現象をまず文学者の目で広く捉え、次に科学者の目で深く理解しようとしたのではなかろうか。ここに師と敬愛する漱石の影響を見ようとするのは考え過ぎであろうか。

実際、寅彦は熊本にあった第五高等学校の学生のころ、英語の教師であり俳人としても一家をなしていた漱石と出会う機会に恵まれ、俳句とはどんなものかと聞いたそうである。それに対する漱石の答えは「扇のかなめのような集注点を指摘し描写して、それから放散する聯想《れんそう》の世界を暗示するものである」であったと、随筆「夏目漱石先生の追憶」（昭和七（一九三二）年十二月、俳句講座）で回想している。これを記したのが、漱石に教わってから三十数年も後だということを考えると、寅彦にはよほど印象深い言葉だったのであろう。そしてこれは俳句だけのことではなくて、科学の研究をする場合にも肝に銘じなければならない言葉だと思ったのではなかろうか。寅彦の随筆「線香花火」や「金米糖」を読んでいると、線香花火や金米糖の場合の「扇のかなめ」に相当するものに狙いをつけ、そこから次々に連想の世界を繰り広げていく様子が目に浮かぶようである。

本書ではまず寺田寅彦の随筆「備忘録」（昭和二（一九二七）年九月、『思想』）が、注釈付きで再録される。この「備忘録」には本書で話題にする随筆「線香花火」と「金米糖」以外の、必ずしも科学随筆とは言えない随筆も含まれており、これらを一読することによって、「科学者」寺田寅彦がいかに幅の広い随筆家であったかがわかり、科学随筆である「線香花火」と「金米糖」を一層広い視野のもとで興味深く味わうことができるであろう。

そうはいっても、寅彦の科学が当時素直に受け入れられたわけではなく、ずっと後になって彼の現代科学に対する先見性が認められるようになった。それについては、「備忘録」に引き続き、この「まえがき」の筆者（松下）が詳しく議論する。寅彦の科学は、現在、世界中で研究が進む複雑系の科学のあまりにも早すぎた先駆けであったことがわかるはずである。ここで解説の順番について説明しておきたい。寅彦の「備忘録」では、「線香花火」、「金米糖」という順序で掲載されているが、実際の科学的な説明としては逆のほうがわかりやすい。そのため、筆者の解説も含めて本書ではそのような順番をとっている。その流れで次に、早川美徳氏は彼の実験室で金米糖製造機を作成し、実際に金米糖を成長させて観察し研究した結果を報告する。読者の方々には、どこかで何とか金米糖を手に入れ、まじまじと眺めたうえで、それを口にしながら彼の考察を味わってほしい。

それに続いて、井上智博氏が線香花火の歴史から始まって、彼自身の実験結果を詳しく紹介する。線香花火の「松葉」と呼ばれる美しく輝く枝分かれ火花の発生のからくりが本章で明らかにされる。寅彦が「なぜだろう」「不思議だ」と疑問を抱いて以来、ようやく解決された報告である。

川島禎子氏は、本書で取り上げた「線香花火」と「金米糖」が、それらを収める前述の随筆「備忘録」を構成する十二項目の中の二項目であることに注目する。そして寅彦がこの「備忘録」全体を紡ぎだす経緯や背景を、漱石の弟子たちとの交友関係などを織り交ぜながら、文学的な視点で議論する。

寅彦は、高等学校時代の物理学の恩師でもある田丸卓郎が関わったローマ字運動にも協力し、ローマ字で書かれた数々の随筆も発表している。本書では、そのうちの「Konpeitô」を邦字に変換したものを付録の筆頭に取り上げた。また、寺田研究室で金米糖の実験を行った思い出を記した福島浩の「金平糖」、やはり寺田研究室で線香花火の実験を行った経験のある中谷宇吉郎が子供向けに書いた「科学物語　線香花火のひみつ」、同じく中谷の線香花火に関する一般向けの随筆「線香花火」が付録に採録されている。これらにも目を通すと、寅彦が随筆「線香花火」、「金米糖」を書いた背景や動機などが浮き彫りになって味わい深いものになるだけでなく、寅彦のほかの随筆にも興味が湧くことであろう。

二十世紀末に至ってようやく、文理融合とか学際的なアプローチの重要性が説かれるようになった。しかし、寅彦はそれよりはるか以前にそれを実行していたのである。そのことは本書で取り上げた科学随筆のジャンルに入る「線香花火」や「金米糖」の場合にも、読者が文系、理系にかかわりなく寅彦の学際的・文理融合的な香りを味わうことができるはずである。さらに彼の独自な科学の捉え方に興味を抱かれた読者には、ぜひとも寅彦の他の代表的な科学随筆である「日常身辺の物理的諸問題」(昭和六(一九三一)年四月、『科学』)や「物理学圏外の物理的現象」(昭和七(一九三二)年一月、『理学界』)、「自然界の縞模様」(昭和八(一九三三)年二月、『科学』)、「量的と質的と統計的と」(昭和六(一九三一)年十月、『科学』)などにも目を通してみられることを強くお勧めしたい。とても百年近くも前に書かれたものとは思われず、寅彦の生き生きとした科学観や学際的な視野の広さが時代を超えて感じられるであろう。

最後に、本書のような書物を作り上げるには企画と編集が最重要課題であるといっても過言ではない。その課題を一手に引き受けて本書の完成にこぎつけられた編集者・伊崎修通氏に、著者を代表して心からの感謝を申し上げる。

二〇二三年夏

著者代表　松下　貢

# 目次

付　録



装丁　椋本サトコ

# 備忘録

吉村冬彦
（寺田寅彦）

# 仰臥漫録

何度読んでも面白く、読めば読む程《ほど》面白さの滲み出して来るもの[*1]は夏目先生の「修善寺日記」[*2]と子規の「仰臥漫録《ぎょうがまんろく》」[*3]とである。如何なる戯曲や小説にも到底見出されない面白味がある。何故此れ程《ほど》面白いのかよく分からないが唯どちらもあらゆる創作の中で最も作為の痕《あと》の少ないものであって、拘《こだ》わりのない叙述の奥に隠れた純真なものがあらゆる批判や估価《こか》[*4]を超越して直接に人を動かすのではないかと思う。そしてそれは死生の境に出入する大患と何等かの点に於いて非凡な人間との偶然な結合によってのみ始めて生じ得る文辞の宝玉であるからであろう。

岩波文庫[*5]の「仰臥漫録」を夏服のかくしに入れてある。電車の中でも時々読む。腰掛けられない時は立ったままで読む。此れを読んで居ると暑さ[*6]を忘れ距離を忘れ時間を忘れる事が出来る。

「朝　ヌク飯三ワン　佃煮　梅干　牛乳一合ココア入リ　菓子パン　塩センベイ……」こういう記事が毎日毎日繰り返される。それが少しも無駄にもうるさくも感ぜられない。読んで居る自分は其の度《たび》毎に一つ一つの新しき朝を体験し、ヌク飯のヌク味とその香を実感する。そして著者と共に貴重な残り少ない生の一日一日を迎えるのである。牛乳一合がココア入りであるか紅茶入りであるかが重大な問題である。それは政友会[*7]が内閣をとるか憲政会が内閣をとるかよりは遙かに重大な問題である。

昼飯に食った「サシミノ残リ」を晩飯に食ったという記事が屢々《しばしば》繰り返されて居る。此の残りの刺身の幾片かのイメージが此の詩人の午後の半日の精神生活の上に投げた影は吾々がその文字の表面から軽々に読過する程に稀薄[*8]なものでもなく、卑近なものでもなかったであろう。

此の病詩人を慰める為に色々のものを贈って来て居た人々の心持ちの中にもさまざまな複雑な心理が読み取られる。頭の鋭い子規はそれに無感覚[*9]ではなかったであろう。併《しか》し子規は習慣の力で色々の人から色々のものを貰うのを恰《あたか》も当然の権利ででもあるかのように極めて事務的に記載して居る。此の事務的散文的記事の紙背には涙がある。

頭が変になって「サアタマラン〳〵」「ドーシヨウ〳〵」と連呼し始める処がある。あれを読むと自分は妙に滑稽を感じる。絶体絶命の苦悶で遂に自殺を思う迄に立ち至る記事が何故に可笑《おか》しいのか不思議である。「マグロノサシミ」[*10]に悲劇を感じる私は此の自殺の一幕に一種の喜劇を感得する。併しもしかすると其の場合の子規の絶叫は矢張り或る意味での「笑」[*11]ではなかったか。此れを演出し此れを書いた後の子規は恐らく最も晴れ晴れとした心持ちを味わったのではないか。

夏目先生の「修善寺日記」には生まれ返った喜びと同時に遙かな彼方《かなた》の世界への憧憬が強く印せられて居て、それはあの日記の中に珠玉の如く鏤《ちりば》められた俳句と漢詩の中に凝結して居る。

子規の「仰臥漫録」には免れ難い死に当面したあの子規子の此方《こなた》の世界に対する執着が生々しいリアルな姿で表現されて居る。そして其の表現の効果の最も強烈なものは毎日の三度の食事と間食との克明な記録である。「仰臥漫録」から「ヌク飯」や「菓子パン」や「マグロノサシミ」や色々の、さも楽しみそうに並べ誌《しる》した御馳走を除去して考える事は不可能である。

「仰臥漫録」の中の日々の献立表は、此の生命《いのち》がけで書き残された稀有の美しい一大詩編の各章毎に規則正しく繰り返されるリフレインでありトニカ*[12]でなければならない。

（昭和二年七月十七日）

## 夏

近年になって、多分大正八年*[13]の病気以来の事と思うが、毎年夏の来るのが一年中の一番の楽しみである。朝起きると寒暖計*[14]が八十度近くに来て居るようになると、もう水で顔や頭髪を洗っても悪寒を感ぜず、足袋*[15]をはかなくても足が冷えない。此れだけでも難有《ありがた》い事である。自分のからだ中の血液ははじめて何処《どこ》にも停滞する事なしに毛細管の末梢迄《まで》も自由に循環する。多分《たぶん》其の為であろう、脳の方が軽い貧血を起こして頭が少しぼんやりする。聴覚も平生より一層《いっそう》鈍感になる。此の上もなく静寂で平和な心持ちである。

昼間暑い盛りに軽い器械的な調べ仕事をするのも気持がいい。余り頭を使わないで、そしてすればするだけ少しずつ結果があがって行くから知らず知らず時を忘れ暑さを忘れる。

陶然として酔うという心持ちはどんなものだか下戸《げこ》の自分にはよく分からない。少なくも酒によっては味わえない。併し暑い盛りに軽い仕事をして頭のぼうっとした時の快感が丁度《ちょうど》此の陶然たる微酔の感と同様なものではないかと思われる。そんなとき蟬でも沢山来て鳴いてくれるといいのであろうが、此の辺には此の夏のオーケストラが居ないで残念である。

珈琲店[16]の清潔なテーブルへ坐って熱いコーヒーを吞むのも盛夏の候にしくものはない。銀器の光り、ガラス器のきらめき、一輪ざしの草花、それに蜜蜂のうなりに似たファンの楽音、丁度それは「フォーヌの午後」[17]に表わされた心持ちである。ドビュッシー[18]は恐らく貧血性の冷え症ではないかと想像される。

夜も夏は楽しい。中庭へ[19]籐椅子《とういす》を出して星を眺める。スコルピオン座[20]や蟹座が隣の栗の梢に輝く。今年[21]は花壇の向日葵《ひまわり》が途方もなく生長して軒よりも高くなった。夜目にも明るい大きな花が涼風にうなずく。

人のいやがる蚊も自分には余り苦にならない。中学時代に一と夏裏の離れ屋の椅子に腰かけて読書に耽り両脚を言葉通りに隙間なく蚊に喰わせてから以来蚊の毒に免疫となったせいか、涼み台で手足を少し位《くらい》喰われても殆《ほとん》ど無感覚である。蚊の居ない夏は山葵《わさび》のつかない鯛の刺身のようなものかも知れない。

夕立の来そうな晩独り二階の窓に腰かけて雲[*22]の変化を見るのも楽しいものである。そういう時の雲の運動は極めて複雑である。方向も速度も急激に変化する。稲妻[*23]でもすれば更に面白い。如何なる花火も此の天工のものには及ばない。

来そうな夕立がいつ迄も来ない。十二時も過ぎて床にはいって眠る。夜中に沛然《はいぜん》たる雨の音で眼がさめる。凡《およ》そ此の人生に一文《いちもん》も金がかからず、無条件に理屈なしに楽しいものがあるとすれば、恐らく此の時の雨の音などがその一つでなければならない。此れは夏の嫌いな人にとっても多分同じであろうと思う。

冬を享楽するのには健康な金持ちでなければ出来ない、それに文化的の設備が入用である。此れに反して夏は貧血症の貧乏人の楽園であり自然の子の天地である。

## 涼味

涼しいという言葉の意味は存外複雑である。勿論《もちろん》単に気温の低い事を意味するのではない。継続する暑さが短時間減退する場合の感覚をさして云うものとも一応は解釈される。併し盛夏の候に涼味として享楽されるものは寧ろ高温度と低温度の急激な交錯であるように見える。例えば暑中氷倉の中に一時間も這入《はい》って居るのは涼しさでなくて無気味な寒さである。扇風機の間断なき風は決して涼しいものではない。

*24夏の山路を歩いて居ると暑い空気のかたまりと冷たい空気のかたまりとが複雑に混合して居るのを感じる。そのかたまりの一つ一つの粒が大きい事もあるし小さい事もある。此の粒の大きさの適当である時に最大の涼味を感じさせるようである。併しまだ此の意味での涼味の定量的研究をした学者はない。此れは気象学者と生理学者の共同研究題目として興味あるものであろう。倉庫や地下室の中の空気は温度が殆ど均等で此のような寒暑の粒の交錯がない、つまり空気が死んで居る。これに反して山中の空気は生きて居る。温度の不均等から複雑な熱の交換が行われて居る。吾々の皮膚の神経は時間的にも空間的にも複雑な刺戟《しげき》を受ける。その刺戟の為に生ずる特殊の感覚が所謂《いわゆる》涼しさであろう。

*25暑中に灸をすえる感覚には涼しさに似たものがある。暑い盛りに熱い湯を背中へかける感じも同様である。此れから考えられる一つの科学的の納涼法は、皮膚のうちの若干の選ばれた局部に適当な高温度と低温度とを同時に与えれば吾々はそれだけで涼味の最大なるものを感じ得るのではないか。或いは一局部に適当な週期で交互に熱さと寒さを与えるのがいいかも知れない。此れは実験生理学者に取って好箇の研究題目となりそうなものである。

此の仮説を敷衍《ふえん》すれば、*26熱い酒に冷たい豆腐のひややっこ、アイスクリームの直後のホットカフェーの賞美されるのも矢張り一種の涼味の享楽だという事になる。

皮膚の感覚についてのみ云われる此の涼味の解釈を移して精神的の涼味の感じに転用する事は出来ないか、*27此れは心理学者の問題となり得るであろう。


（昭和二年七月二十三日）

## 向日葵

中庭の籐椅子に寝て夕映えの空にかがやく向日葵の花を見る。勢いよく咲き盛る花の側にはもう萎《しな》びかかって真っ黒な大きな芯の周囲に干からびた花弁を僅《わず》かに止《とど》めたのがある。大きくなり損なって真似事のように、それでも此の花の形だけは備えて咲いて居るのもある。大きな葉にも完全なのは少なく、虫の喰ったのや、半分黒くなって枯れ萎《しぼ》んだのもある。そういう不揃いなものを引っくるめた凡《すべ》てが生きたリアルな向日葵の姿である。萎《しお》れた花、虫喰《むしば》み枯れかかった葉を故意に浅墓《あさはか》な了見で除いて写した向日葵の絵は到底リアルな向日葵の絵ではあり得ない。

精巧を極めたガラス細工の花と真実の花との本質的な相違はこういう点にもある。写実を貴《とうと》んで理想を一概に排斥する極端論者の説にも一理はある。実際或る浅薄な理想主義の芸術は正にしんこ細工の花のようなものである。併しそうかと云って虫喰いや黴菌《ばいきん》の為に変色した葉ばかりを強調した表現主義にも困る、独逸あたりの近頃の絵画にはそんな傾向が見えるのもありはしないか。

物理学上の文献の中でも浅薄な理論物理学者の理論的論文程《ほど》自分にとってつまらないものはない。論理には五分もすきはなく、数学の運算に一点の誤謬《ごびゅう》はなくても、そこに取り扱われて居る「天然《ネチュアー》」はしんこ細工の「天然」である。友禅の裾模様に現われたネチュアーである。底の知れない「真」の本体は却って此の為に蔽われ隠される。こういう、例えば花を包んだ千代紙のような論文が独逸あたりのドクトル論文には折々見受けられる。

本当に優れた理論物理学者の論文の中には、真に東洋画特《とく》に南画*28中の神品を連想させるものがある。一見如何に粗略でしかも天然を勝手にゆがめて描いてあるようでも、其処《そこ》に握《つか》まれてあり表現されてあるものは生きた天然の奥底に隠れた生きた魂である。こういう理論は所謂《いわゆる》fecund*29な理論でありそれに花が咲き実を結んで人間の文化に何物かを寄与する。

理想芸術でも優れた南画迄《まで》行けば科学的にも立派であるように理論物理学もいいものになると矢張り芸術的にも美しい。

純粋*30な実験物理学者は写実主義の芸術家と似通った点がある。自分の眼で自分の前のむき出しの天然*31も観察しなければならない。それが第一義であり又《また》最大の難事であるのに、吾々の眼は伝統に目かくしされ、オーソリティ*32の光に眩惑されて、天然のありの儘《まま》の姿を見失い易い。現在眼の前に非常に面白い現象が現われて居ても、それが権威の文献に現われてない事であると、それは多分はつまらない第二義の事柄のように思われて永久に見逃されてしまう。吾々の眼は唯《ただ》西洋のえらい大家の持ち扱い古した、黴《かび》の生えた月並みの現象にのみ眼を奪われる。そして征服者の大軍の通り去った野に落ちちらばった弾殻《たまがら》を拾うような仕事に甘んじると同じような事になり勝ちである。

写実画派の後裔《こうえい》の多数は唯《ただ》祖先の眼を通して以外に天然を見ない。元祖の選んだ題材以外の天然を写すものは異端者であり反逆者である。

向日葵の花を見ようとすると吾々の眼にはすぐにヴァン・ゴーホ[*33]の投げた強い伝統の光の眼つぶしが飛んで来る。此の光を青白くさせるだけの強い光を自分自身の内部から発射して、そうして自分自身の向日葵を創造する事の困難を思うて見る。それは正に恐らくあらゆる科学の探究に従事するものの感ずる困難と同種類のものでなければならない。

## 線香花火

夏の夜に小庭の縁台で子供等の弄《もてあそ》ぶ線香花火には大人の自分にも強い誘惑を感じる。これによって自分の子供の時代の夢が甦《よみがえ》って来る。今は此の世にない親しかった人々の記憶が呼び返される。

はじめ尖端に点火されて唯かすかに燻《くすぶ》って居る間の沈黙が、此れを見守る人々の心を正に来るべき現象の期待によって緊張させるに丁度適当な時間だけ継続する。次には火薬の燃焼がはじまって小さな焔《ほのお》が牡丹《ぼたん》の花弁のように放出され、その反動で全体は振子のように揺動する。同時に灼熱された熔融塊の球が段々に生長して行く。焔が止んで次の火花のフェーズに移る迄の短い休止期《ポーズ》が又《また》名状し難い心持ちを与えるものである。火の球は、かすかな、ものの沸《に》えたぎるような音を立てながら細かく震動して居る。それは今にも迸《ほとばし》り出ようとする勢力《エネルギー》が内部に渦巻いて居る事を感じさせる。突然火花の放出が始まる。眼に止まらぬ速度で発射される微細な火弾が、眼に見えぬ空中の何物かに衝突して砕けでもするように、無数の光の矢束となって放散する、その中の一片は又更《またさら》に砕けて第二の松葉第三第四の松葉を展開する。此の火花の時間的並びに空間的の分布が、あれよりもっと疎であっても或いは密であってもいけないであろう。実に適当な歩調と配置で、しかも充分な変化をもって火花の音楽が進行する。此の音楽のテンポは段々に早くなり、密度は増加し、同時に一つ一つの火花は短くなり、火の箭《や》の先端は力弱く垂れ曲がる。最早《もはや》爆裂するだけの勢力のない火弾が、空気の抵抗の為にその速度を失って、重力のために抛物線《ほうぶつせん》を画《えが》いて垂れ落ちるのである。荘重なラルゴで始まったのが、アンダンテ、アレグロを経て、プレスティシモになったと思うと、急激なデクレスセンドで、哀れに淋しいフィナーレに移って行く。私の母は此の最後のフェーズを「散り菊」と名づけて居た。本当に単弁の菊の萎れかかったような形である。「チリギクチリギク〳〵」こう云ってはやして聞かせた母の声を思い出すと、自分の故郷に於ける幼時の追懐が鮮明に喚び返されるのである。あらゆる火花のエネルギーを吐き尽くした火球は、脆《もろ》く力なくポトリと落ちる、そして此の火花のソナタの一曲が終わるのである。あとに残されるものは淡くはかない夏の宵闇である。私は何となく[*35]チャイコフスキーのパセティクシンフォニーを想い出す。

実際此の[*36]線香花火の一本の燃え方には、「序破急」があり「起承転結」があり、詩があり音楽がある。

ところが近代になって流行《はや》り出した電気花火とか何とか花火とか称するものはどうであろう。なる程アルミニウムだかマグネシウムだかの閃光は光度に於いて大きく、ストロンチウムだかリチウムだかの焔の色は美しいかも知れないが、始めからおしまい迄《まで》唯《ただ》ぼうぼうと無作法に燃える許りで、タクトもなければリズムもない。それで又あの燃え終わりのきたなさ、曲のなさはどうであろう。線香花火が[*37]ベートーヴェンのソナタであれば、此れは[*38]じゃかじゃかのジャズ音楽である。此れも日本固有文化の精粋がアメリカの香のする近代文化に押しのけられて行く世相の一つであるとも云い度くなる位のものである。

線香花火の灼熱した球の中から火花が飛び出し、それが又《また》二段三段に破裂する、あの現象が如何なる作用によるものであるかという事は興味ある物理学上並《なら》びに化学上の問題であって、若《も》し詳しく此れを研究すればその結果は自然に此等《これら》の科学の最も重要な基礎問題に触れて、その解釈は何等かの有益な貢献となり得る見込みが可也《かなり》に多くあるだろうと考えられる。それで私は十余年前の昔から多くの人に此れの研究[39]を勧誘して来た。特に地方の学校にでも奉職して居て充分な研究設備をもたない人で、何かしらオリジナルな仕事がしてみたいというような人には、いつでも此の線香花火の問題を提供した。併し今日迄《まで》未だ誰も此の仕事に着手したという報告に接しない。結局自分の手許でやる外はないと思って二年[40]許り前に少しばかり手を着けはじめて見た。ほんの少しやって見ただけで得られた僅かな結果でも、それは甚《はなは》だ不思議なものである。少なくも此れが将来[41]一つの重要な研究題目になり得るであろうという事を認めさせるには充分であった。

此の面白く有益な問題が従来誰も手を着けずに放棄されてある理由が自分には分りかねる。恐らく「文献中に見当たらない」、即ち誰も未だ手を着けなかったという事自身以外に理由は見当たらないように思われる。併し人が顧みなかったという事は此の問題のつまらないという事には決してならない。

若し西洋の物理学者の間に吾々の線香花火というものが普通に知られて居たら、恐[42]らく疾《と》うの昔に誰か一人や二人は此れを研究したものがあったろうと想像される。そして其の結果がもし何か面白いものを生み出して居たら、我が国でも今頃線香花火に関する学位論文の一つや二つは出来たであろう。こう云う自分自身も今日迄《まで》棄ててはおかなかったであろう。

[*43]近頃フランス人で刃物を丸砥石《まるといし》で砥ぐ時に出る火花を研究して、其の火花の形状から其の刃物の鋼鉄の種類を見分ける事を考えたものがある。此の人にでも提出したら線香花火の問題も案外早く進行するかも知れない。併し出来る事なら線香花火は矢張り日本人の手で研究したいものだと思う。

[*44]西洋の学者の掘り散らした跡へ遙々《はるばる》後《おく》ればせに鉱石の欠けらを捜しに行くもいいが、吾々の脚元に埋もれて居る宝をも忘れてはならないと思う。併しそれを掘り出すには人から笑われ狂人扱いにされる事を覚悟するだけの勇気が入用である。

## 金米糖

[*45]金米糖という菓子は今日では一寸《ちょっと》普通の菓子屋駄菓子屋には見当らない。聞いて見るとキャラメルやチョコレートに段々圧迫されて、今では此れを製造するものが極めて稀になったそうである。尤《もっと》も小粒で青黄赤などに着色して小さなガラス瓶に入れて売って居るのがあるが、あれは少し製法がちがうそうである。

[*46]此の金米糖の出来上がる過程が実に不思議なものである。私の聞いた処では、純良な砂糖に少量の水を加えて鍋の中で溶かしてどろどろした液体とする。それに金米糖の心核となるべき

芥子粒《けしつぶ》を入れて杓子《しゃくし》で攪拌《かくはん》し、しゃくい上げしゃくい上げして居ると自然にああいう形に出来上がるのだそうである。

中に心核があって其の周囲に砂糖が凝固して段々に生長する事には大した不思議はない。併し何故あのように角を出して生長するかが問題である。

物理学では、凡《すべ》ての方向が均等な可能性をもって居ると考えられる場合には、対称《シンメトリー》の考えから凡ての方面に同一の数量を附与するを常とする。現在の場合に金米糖が生長する際、特にどの方向に多く生長しなければならぬという理由が考えられない、それ故に金米糖は完全な球状に生長すべきであると結論したとする。然《しか》るに金米糖の方では、そういう論理などには頓着なく、にょきにょきと角を出して生長するのである。

此れは勿論《もちろん》論理の誤謬ではない。誤った仮定から出発した為に当然に生れた誤った結論である。此のパラドックスを解く鍵は何処《どこ》にあるかというと、此れは畢竟《ひっきょう》、統計的平均に就いてはじめて云われ得る凡ての方向の均等性という事を、具体的に個体にそのまま適用した事が第一の誤りであり、次には平均からの離背が一度出来《でき》始めるとそれが益々《ますます》助長される所謂《いわゆる》不安定の場合のある事を忘れたのが第二の誤りである。

平均の球形からの偶然な統計的異同[*47] fluctuation が、一度少しでも出来て、そうしてその為に出来た高い処が低い処よりも生長する割合が大きくなるという物理的条件さえあればよい。現在の場合に此の条件が何であるかは未だよく分らないが、そのような可能性はいくらも考え得られる。

面白い事には金米糖[48]の角の数が略々《ほぼ》一定して居る、その数を決定する因子が何であるか、此れ[49]も一つの極めて興味ある問題である。

従来の物理学では此の金米糖の場合に問題となって来るような個体のフラクチュエーションの問題が多くは閑却されて来た。その異同がいつも自働的に打ち消されるような条件の具わった場合だけが主として取り扱われて来た。そうでない不安定の場合は、云わば見ても見ぬ振りをして過ぎて来た。畢竟はそういうものを如何にして取り扱ってよいかという見当が付かなかったせいもあろうが、一つには又物理学がその「伝統の岩窟」にはまり込んで安きを偸《ぬす》んで居た為とも云われ得る。

物理学上に於ける偶然異同の現象の研究は近年になっていくらか新しい進展の曙光を漏らし始めたように見えるが、今の処《ところ》未だ未だその研究の方法も幼稚で範囲も甚だ狭い。

そういう意味から、金米糖の生成に関する物理学的研究は、その根本に於いて、将来物理学全般に亘っての基礎問題として重要なるべき或るものに必然に本質的に連関して来るものと云ってもよい。

同じ意味で将来の研究問題と考えられる数々の現象の一つは、リヒテンベルク[50]の放電図形である。此れも従来は殆ど骨董的題目として閑却され、適々《たまたま》此れを研究する好事家《こうずか》は多くの学者の嘲笑を買った位である。ところが皮肉な事には最近に至って此の現象が電気工学で高圧の測定に応用される可能性が認められるようになって、段々《だんだん》此の研究に従事する人の数を増やすように見える。併し今迄の処《ところ》未だ誰も此の現象の生因に就いて説明を試みた人はない。然るに此の現象はその根本の性質上自ずから金米糖の生成と或る点迄《まで》共通な因子をもって居る。そして恐らく将来或る「一つの石によって落さるべき二つの鳥」である。

生物学上の「生命」の問題に対しては、今の処物理学は何等容喙《なんらようかい》の権利をもたない。ロード・ケルヴィン[*51]は地球上の生命の種子が光圧によって星の世界から運ばれたという想像を述べた。併しそれは生命そのものの起原に対しては枝葉の問題である。今のままの物理学では恐らく永久に無力であろうが、若し物理学上の統計的異同の研究が今後次第に進歩して行けば此の方面から意外の鍵が授けられて物質[*52]と生命との間に橋を架ける日が到着するかも知れないという空想が起る。

街上を往来して居る人間の数について或る統計を取って見ると、其の結果は、個々[*53]の人間が恰《あたか》も無生の瓦斯《ガス》分子ででもあると同様な統計的分布を示す事が証明される。若し人間以外の或るものが他の世界から此等《これら》街上の人間について唯《ただ》此のような統計的分布に関係した事柄のみを観察して居たならば、其のものの眼には、人間は無生の微分子としか見えないであろう。そして、[*54]

その同じ微分子が、一方で有機的な国家社会的の機関を構成して居るのを見てその有機体の生命の起原を疑い怪しむに相違ない。

此のアナロジーから喚起される一つの空想は、若しや生命の究極の種が一つ一つの物質分子の中に既に備わって居るのではないかという事である。物理学者は恐らく唯その統計的の現われのみを観察して居るのではないだろうか、そして無生の微粒と思って居るものが生物という国家を作り社会を組織して居るのに逢って驚き怪しんで居るのではないだろうか。

同一元素の分子の個々のものに[*55]個性の可能性を認めようとした人は前にもあった。序《ついで》に原子個々にそれぞれ生命を附与する事によって科学の根本に横たわる生命と物質の二元を一纏《ひとまと》めにする事は出来ないものだろうか。

金米糖の物理から出発したのが、段々に空想の梯子《はしご》を攀《よ》じ登って、とうとう千古の秘密の謎である生命の起原に迄も立ち入る事になったのは吾ながら少しく脱線であると思う。[*56]近年の記録を破った今年の夏の暑さに酔わされた痴人の酔中語のようなものであると見て貰う方が適当かも知れない。

それにしても此の面白い金米糖が千島アイヌか何ぞのように亡びて行くのは惜しい。天然物保存に骨を折る人達は、序《ついで》にこういうものの保存も考えて貰い度いものである。

# 風呂の流し

風呂の流し所謂三助《いわゆるさんすけ》というものは何時の世に始まったものか知らないが考えて見ると妙な職業である。大きな宿屋などの三助ででもあれば、あたりまえなら接近する事も困難なような貴顕の方々を丸裸にしてその肢体を大根かすりこぎででもあるように自由に取り扱って、そうしておしまいには肩や背中をなぐりつけ、ひねくり廻すのである。又《また》昔西洋の森の中に棲んで居たサティール*57ででもなければ見られなかった筈の美しいニンフ達の姿を、何等《なんら》罰せらるる事なしに日常に鑑賞し讃美する特権をもって居る訳である。

西洋にも同じような職業があったと見えて、古い木版画でその例を見た事がある。大きな青竜刀《せいりゅうとう》の柄《え》を切ったようなものを提《さ》げて居て、此れでごしごし垢でもこするのではないかと思われた。矢張り褌《ふんどし》のようなものをして居るのが面白かった。

私は銭湯へ通って居た時代にも、かつて此の流しを付けた事がない。自分でも洗えば洗われる自分の五体を、何処の誰だか分らぬ男に渡してしまって物品のように取り扱われる気にどうしてもなれなかったのである。

併し、困*58った事に旅行をして少し宿屋らしい宿屋に泊まると、屹度《きっと》強制的に此の流しを付けられる。此れは断わればいいのかも知れないが、わざわざ断わるのも工合が悪いので観念して流させる事にして居る。非常に気持が悪い。殊に一番困るのは、按摩《あんま》のつもりで痩せた肩をなぐりつけ捻《ひね》りつけられる事である。頭や腹へ響いて苦痛を感じる。もう沢山であると云っても存外すぐには止めてくれない。誠に迷惑である。丁寧なのになると、流しが終わってもいつ迄も傍につい て居て、最後にタオルまで濯《すす》いでくれる。監視されながらの入浴は何となく気づまりで此れも迷惑である。

友人達に此の事を話して見るに、自分に同情する人はまだない。或る人は流しがなるべく念入りで按摩も十二分にやらないと不愉快であるという。又一人は旅行中宿屋の風呂の流しで三助から其の土地の一般的知識を聞き出すのが最も有効で又《また》最も興味があるというのである。

そうして見ると、世の中には、多くの人に喜ばれる流しを甚だしく嫌忌する人間も稀にはあるという事実を一つの事実として記録して置く事も無駄ではないかも知れない。

序《ついで》ながら精神的の方面で此の風呂の三助に相当する職業もあるようである。心の垢を落とすのも、からだの垢を落とすのも、商売となれば似たものではないだろうか。此の心の三助に対しても私は取捨の自由を与えらるる事を希望するものである。

# 調律師

種々な職業のうちでピアノの調律師などは、当人には兎に角、はたから見て比較的[*59]手綺麗で品の悪くないものである。段々《だんだん》西洋音楽の普及するに従って此の仕事に対する要求が増加するので、従業者の数も此れに応じて増加しつつあるに拘《かかわ》らず、いつも商売が[*60]忙しいそうである。[*61]ピアノでも据えてあろうという室ならば大抵余り不愉快でないだけの部屋ではあるだろうと思う。そして応接する人間も多分はそれ程《ほど》無作法に無礼でもなさそうに想像される。

沢山な絃線の少しずつ調子の狂ったのを、一定の方式に従って順々に調節して行く。鍵盤のアクションの工合の悪いのを一つ一つ丹念に検査して行く。此れは見て居ても気持のいいものである。痒《かゆ》い処を掻くに類した感じがある。すっかり調律を終わってから、塵埃を払い、蓋をして、念の為に音階とコードを叩いて見て愈々《いよいよ》此れで仕事を果したという瞬間は矢張り悪い気持はしないであろうと想像される。

[*62]夏目先生の「草枕」の主人公である、あの画家のような心の眼をもった調律師になって、旅から旅へと日本国中を廻って歩いたら面白かろうと考えて見た事もある。

狂ったピアノのように狂って居る世道人心を調律する偉大な調律師は現われてくれないもので

あろうか。せめては骨肉相食《あいは》むような不幸な家庭、儕輩相鬩《さいはいあいせめ》ぐような浅ましい人間の寄り合いを尋ね歩いて、ちぐはぐな心の調律をして廻るような人はないものであろうか。

物語りに伝えられた*63最明寺時頼《さいみょうじときより》や講談に読まれる*64水戸黄門は、恐らく自分では一種の調律師のようなつもりで遍歴したものであったかも知れない。併し恐らく此の二人は調律もしたと同時に又可也《かなり》にいい楽器を毀《こわ》すような事もして歩いたかも知れない。

調律師の職業の一つの特徴として、それが尊い職業である所以《ゆえん》は、其の仕事の上に少しの「我」を持ち出さない事である。音と音とは元来調和すべき自然の方則をもって居る、調律師は唯それが調和する処迄《まで》手を仮して導くに過ぎない。

所謂《いわゆる》えらい思想家も宗教家もいらない。欲しいものは唯人間の心の調律師であると思う時もある。その調律師に似たものがあるとすればそれはいい詩人、いい音楽者、いい画家のようなものではないだろうか。

併し世の中にはあらゆる芸術に無感覚なように見える人があり、又此れを嫌悪する人さえあるように見える。こういう人達は「心のピアノ」を所有しない人達である。従って調律師などには用のない人である。そういう人は所謂「人格者」と称せられる部類の人種の中に多いように見受けられる。此れは寧ろ当然の事であろう。もたないピアノに狂いようはない。咲かない花に散りようはないと同じわけである。

# 芥川龍之介君

[*65]芥川龍之介君が自殺した。

私が同君の顔を見たのは僅かに三度か四度位のものである。そのうちの一度は[*66]夏目先生のたしか七回忌に雑司ヶ谷の墓地でである。大概《たいがい》洋服でなければ羽織袴を着た人達のなかで芥川君の着流しの姿が目に立った。[*67]ひどく憔悴《しょうすい》した艶のない蒼白い顔色をして外の人の群から少し離れて立って居た姿が思い出される。唇の色が著しく紅く見えた事、長い髪を手で撫《な》で上げるかたちが此の人の印象を一層憂鬱にした事などが眼に浮んで来る。参拝を終ってみんなが帰るときに[*68]K君が「どうだ、あとで来ないか」と云った時に黙って唯《ただ》軽く目礼をしただけであったと覚えて居る。そんな事迄《まで》覚えて居るのは、其の日の同君が私の頭に何か特別な印象を刻みつけた為かと思われる。

もう一度は[*69]K社の主催で[*70]A派の歌人の歌集刊行記念会といったようなものを芝公園のレストランで開いた時の事である。食卓で幹事の指名かなんかでテーブルスピーチがあった。正客の歌人の右翼に坐って居た芥川君が沈痛な顔をして立ち上がって、自分は何も此処《ここ》で述べるような感想を持ち合わさない。唯もし強いて何か感じた事を述べよとならば、それは消化器の弱い自分にとって今夜の食卓に出されたパンが恐るべき硬いパンであったという事であると云って席に就いた。其の夜の芥川君には先年雑司ヶ谷の墓地で見た時のような心弱さといったようなものは見えなかった。若々しさと鋭さに緊張した顔容と話し振りであった。併し何かしら重い病気が此の人の肉体を内側から虫喰んで居る事は誰の眼にも余りに明白であった。

「恐るべき硬いパン」、此の言葉が今此の追憶を書いて居る私の耳の底にありあり響いて聞こえる。そしてそれが今度の不慮の死に関する一つの暗示ででもあったような気がしてならない。

あの時同じ列に坐った四五人の中でももう二人は故人となった。そのもう一人は歌人のS・A氏*71である。

## 過去帳

*72丑女《うしじょ》が死んだというしらせが来た。彼女は郷里の父の家に前後十五年近く勤めた老婢である。自分の高等学校在学中に初めて奉公に来て、当時から病弱であった母を助けて一家の庶務を処理した。自分が父の没後郷里の家をたたんで此の地へ引越す際に彼女は其の郷里の海浜の村へ帰って行った。彼女の家を立てるべき弟は日露戦争で戦死した為に彼女は本当の一人ぽっちであったので、他家に嫁した姉の女の子を養女にしてその世話をして居るという事であった。

母の存命中は時々手紙をよこして居たが、母の没後は自然と疎遠になって居たので今度の病気の事も知らないで居た。年とってからは色々の病気をもって居たそうであるから、多分はそのうちのどれかの為に倒れたものであろう。

彼女はあらゆる意味で忠実な女であった。物事を中途半端にすることの出来ないたちであった。その性質は自然に往々「我」の強さの形をとって現われた。又一方《いっぽう》無学ではあるが女には珍しい明晰なあたまと鋭い観察の眼をもって居た。誰でも構わず無作法にじっと人の顔を見つめる癖があった、その様子が対手《あいて》の眼の中からその人の心の奥の奥迄《まで》見通そうとするようであった。実際彼女にはそういう不思議な能力が多分にあったように見える。人間の技巧の影に隠れた本性がそのままに見えるらしかった。そういう点で彼女は多くの人からは寧ろ憚《はばか》られ或いは憎まれたようである。唯流石《さすが》に女であるだけに自分自身の内部を直視する事は出来なかったらしい。

或る時或る高い階級の婦人が衆人環視の中で人力車を降りる一瞬時の観察から、その人の皮膚の或る特徴を発見してそれを人に話したので、実に恐ろしい女だと云ってそれが一つ話になった。彼女は日本の女には珍しい立派な体格の所有者であった。容貌も醜くないルーベンス型[*73]に属して居た。挙動は敏活でなくて寧ろ鈍重な方であったが、それで居て仕事はなんでも早く進行した。頭がいいから無駄な事に時を費やさないのである。そうして骨身を惜しむ事を知らないし、あまり油を売る[*74]事をしらなかったせいであろう。

自分は彼女の忠実さに迷惑を感ずる事も少なくなかった。構わないで打捨《うっちゃ》っておいて貰い度い事を決してそうはしてくれなかった。つまり二つの種類のちがったイーゴイスト*[75]は此の点で到底相容れる事が出来なかったのであろう。

妙な事を思い出す。父*[76]の最後の病床に其の枕元近く氷柱を置いて煽風器がかけてあった。寒暖計*[77]は九十余度を超して忘れ難い暑い日であった。丑女は其の氷柱をのせたトタン張りの箱の中にとけてたまった水を小皿でしゃくっては飲んで居た。そんなものを飲んではいけないと云って制したが、聞かないで何杯となくしゃくっては飲んで居た。彼女の眼の周囲には紫色の輪が出来て居た事をはっきり思い出す事が出来る。

昨年*[78]母の遺骨を守って帰省した時に、丑女はわざわざ十里*[79]の道を逢いに来てくれた。その時彼女の髪の毛に著しく白いものが見えて来たのに気がついた。自分の年老いた事を半分自慢らしく半分心細そうに話した。多分今年で五十二三歳であったろうと思う。

自分*[80]の若かった郷里の思い出の中にまざまざと織り込まれて居る親しい人達の現実の存在が段々に消えて亡くなって行くのは矢張り淋しい。仮令《たとい》生きて居てももう再び逢う事があるかどうかも分らず、通り一遍の年賀や暑中見舞以外に交通もない人は、結局*[81]は唯思い出の国の人々であるにも拘らず、その死のしらせは矢張り桐の一葉の淋しさをもつものである。

雑記帳の終りの頁に書き止めてある心覚えの過去帳を開けて見ると極《ごく》身近いものだけでも、故人となったものがもう十余人になる。其の内で半分は自分より年下の者である。[*82]此等の人々の追憶をいつかは書いておきたい気がする、併しそれを一々書けば限りはなく、それを書くという事はつまり自分の生涯の自叙伝を書く事になる。此れは容易には思い立てない仕事である。そして恐らくそれを書き終るより前に自分自身が又誰かの過去帳中の人になるであろう。

身近い人であればある程その追憶の荷は余りに重くて取り上げようとする筆の運びを鈍らせる。唯思い出の国の国境に近く住むような人達の事だけが比較的易《やす》らかな記録の資料となり得るようである。

自分の過去帳に載せらるべくして未だ載せられてないものには[*83]三匹の飼猫がある。不思議な事には追懐の国に於ける此等の家畜は人間と少しも変らないものになってしまって居る。口も聞けば物もいう。こちらの心もその儘《まま》によく通ずる。そうして死んだ人間の追憶には美しさの中にも何かしら多少の苦味を伴わない事は稀であるのに、此等の家畜の思い出には聊《いささ》かも苦々しさの後味がない。それは矢張り彼等が生きて居る間に物を云わなかった為であろう。

## 猫の死

「玉」は黄色に褐色の虎斑《とらふ》をもった雄猫であった。粗野にして滑稽なる相貌をもち、遅鈍にして大食であり、あらゆるデリカシーというものを完全に欠如した性格であった。従って[84]家内中の誰にも格別に愛せられなかった。小さい時分は一家中の寵児である「三毛」の遊戯の相手としての「道化師《クラウン》」として存在の意義を認められて居たのが、三毛も玉も年を取って、[85]もうそういう活発な遊戯を演ずる事がなくなってからは、彼は全く用のない冗員として取り扱われて居た。勿論それに不平らしい顔もなく、空々寂々として天命を楽しんで居るかのようにも思われた。

唯一つ困った事には此の僧侶のような玉にも矢張り[86]春の目さめる日はあった。さかりがつくと彼は所構わず尿水を飛ばして襖や器具を汚した。余り厄介をかけるから家族の方から玉を追放したいと云う動議が出た。そうしないで此の悪癖を直す方法はないかと思って獣医に相談すると、それは去勢さえすればよいとの事であった。いくら猫でもそれは残酷な事で不愉快であったが、追放の衆議の圧迫に負けてしまってとうとう入院させて手術を受けさせた。

手術後目立って大人しく上品にはなったが、何となく影の薄い存在となったようである。それから間もなく[87]或る日縁側で倒れて気息の絶え絶えになって居るのを発見して水やまたたびを飲ませたら一時は恢復した。併しそれから二三日とたたない或る朝、[88]庭の青草の上に長く冷たくなって居るのを子供が見付けて来て報告した。其の日自分は感冒で発熱して寝て居たが、その死骸をわざわざ見る気がしなかったから、唯その儘《まま》に裏の桃の木の根方に埋めさせた。眼で見なかった代りに、自分の想像のカンヴァスの上には、美しい青草の毛氈《もうせん》の上に安らかに長く手足を延ばして寝て居る黄金色の猫の姿が、輝くような強い色彩で描かれて居る。その想像の画が実際に眼で見たであろうよりも遙かに強い現実さをもって記憶に残って居る。

「三毛」は色々の点に於いて「玉」とは正に対蹠的《たいせきてき》の性質をもった雌猫であった。誰からも綺麗と賞《ほ》められる容貌と毛皮をもって、敏捷で典雅な挙止を示すと同時に、神経質な気むずかしさをもって居た。勿論《もちろん》家族の皆から可愛がられ、あらゆる猫への御馳走と云えばこの三毛の為にのみ設けられた。折角与える魚肉でも少し古ければ香をかいだ儘《まま》で口を付けない。そのお流れをみんな健啖《けんたん》な道化師の玉が頂戴するのであった。

満[*89]七年の間に三十匹程の子猫の母となった。最後の産のあとで目立って毛が脱けた。次[*90]第に食慾がなくなり元気がなくなった。医師に見て貰うと此れは胸に水を持ったので治療の方法がないとの事であった。此の宣告は自分達の心を暗くした。その頃はもう一日殆ど動かずに行儀よく坐って居て、人が呼ぶと眩《まぶ》しそうな眼をしばたたいて呼ぶ人の顔を見た。そうしていつものように返事を鳴こうとするが声が出なかった。

最後の近くなった頃妻が側へ行って呼ぶと、僅かに這い寄ろうとする努力を見せたが、もう首がぐらぐらして居た。次第に死の迫って来る事を知らせる息使いは人間の場合に非常によく似て居た。

遺骸は有合せのうちで一番奇麗なチョコレートの空箱を選んでそれに収め、庭の奥の楓樹の蔭に埋めて形ばかりの墓石をのせた。

玉が死んだ時は、自分が病気で弱って居たせいか何となく感傷的な心持ちがした。誰にも可愛がられずに生きて来て誰にも惜しまれずに死んで行くのが可哀相であった。併し三毛の死はみんなが惜しんで居るという自覚が自分の心の負担を幾分軽くするように思われるのであった。三毛の死後数日たって後の或る朝、研究所を出て深川へ向う途中の電車で、ふいと三毛の事を考えた。そして自然にこんな童謡[*91]のようなものが口吟《くちずさ》まれた。『三毛のお墓に花が散る。こんこんこごめの花が散る。芝にはかげろう鳥の影。小鳥の夢でも見て居るか。』それからあとで同じようなものをもう三つ作って、それに勝手な譜をつけていい加減の伴奏をも付けて見た。こんな子供らしい甘い感傷を享楽し得るのは対象が猫であるからであろう。

[*92]一月位たって塩原へ行ったら、そこの宿屋の縁側へ出て来た猫が死んだ三毛にそっくりであるのに驚いた。段々見馴れるに従って頭の中の三毛の記憶の影像が変化して眼前の生きたものに吸収され同化されて行く不思議な心理過程に興味を感じた。吾々が過去の記憶の重荷に押しつぶされずに今日を享楽して行けるのは単に忘れるという事のおかげ許りではなく又《また》半ばは此れと同じ作用のおかげであろうと思われた。

其の後妻が近所で捨てられて居た子猫を拾って来た。大部分真っ黒でそれに少しの白を交えた雌猫であった。額から鼻へかけての対称的な白班《しろぶち》が彼女の容貌に一種のチャームを与えて居た。

著しく長くてしなやかな尻尾も其の特徴であった。相当大きくなって居ながら通りがかりの人に捕えられる位であるから鷹揚というよりは寧ろ愚鈍であるかと思われた。併し又今迄《いままで》うちに居たどの猫にも出来なかった自分で襖を明けて出はいりするという術を心得て居た。尻尾を支柱にして後脚で永く立って居られるのも亦《また》その特技であった。此の「チビ」は最初の産褥《さんじょく》で脆《もろ》く死んでしまった。*93 其の後仙台へ行ってK君を訪問すると、そこに居た仔猫が此れと全く生写しなので又驚かされた。

今では「三毛」の孫に当る仔猫の雌を親類から貰って来てある。容貌のみならず色々の性格に祖母の隔世遺伝がありあり認められるのに驚かされる事が屡々《しばしば》ある。

自分は此れ迄にもう度々《たびたび》猫の事を書いて来た。これからもまだ幾度となくそれをかくかも知れない。自分には猫の事をかくのが此の上もない慰藉《いしゃ》であり安全弁であり心の糧であるような気がする。

*94 Miserable misanthrope 此の言葉が時々自分を脅かす。人間を愛したいと思う希望だけは充分にもって居ながら、浅墓《あさはか》な「私」に遮られてそれが出来ないで苦しんで居る吾々が、小動物に対してはじめて純粋な愛情を傾け得るのは、此れも畢竟《ひっきょう》は吾々の我儘《わがまま》の一つの現われであろう。自分は猫を愛するように人間を愛したいとは思わない。又それは自分が人間より一段高い存在とならない限り到底不可能な事であろう。併しそういう意味で、小動物を愛するという事は、不幸な

弱い人間をして「神」の心を仮令《たとい》少しでも味わわしめ得る唯一の手段であるかも知れない。

## 舞踊

死んだ「玉」は一つの不思議な特性をもって居た。自分が風呂場へはいる時によく一緒にくっついて来る。そして自分が裸になるのを見て其処《そこ》に脱ぎすてた着物の上にあがって前脚を交互にあげて足踏みをする、のみならず、その爪で着物を引掻《ひっか》き又揉《も》むような挙動をする。そして裸体の主人を一心に見つめながら咽喉をゴロゴロ鳴らし、短い尻尾を立てて振動させるのであった。

此の不思議な挙動の意味がどうしても分らなかった。如何なる working hypothesis[*95] すらも思い付かれなかった。寧ろ一種の神秘的と云ったような心持ちをさえ誘われた。遠い昔の猫の祖先が原始林の中に彷徨《ほうこう》して居た際に起った原始人との交渉の或るシーンと云ったようなものを空想させた。丸裸のアダムに飼いならされた太古の野猫の或る場合の挙動の遠い遠い反響が今目前に現われて居るのではないかという幻想の起ることもあった。

猫が人間の喜びに相当するらしい感情の表現として、前脚で足踏みをするのは、此[*96]の食肉獣の祖先がいい獲物を見付けて其れを引きむしる事をやったのと或る関係があるのではないかという荒唐な空想が起る。又一方《いっぽう》原始的の食人種が敵人を屠《ほふ》って其の屍《しかばね》の前に勇躍するグロテスクな光景との或る関係も示唆される。空想の翼は更に自分を駆って人間に共通な舞踊[*97]のインスティンクト[*98]の起原という事迄《まで》も此の猫の足踏みによって与えられたヒントの光で解釈されそうな妄想に導くのであった。

赤ん坊[*99]の腕を持ってつるし上げると、赤ん坊は其の下垂した足の蹠《うら》を内側に向い合せるようにする。此れは人間の祖先の猿が手で樹枝からぶら下る時にその足で樹幹を押さえようとした習性の遺伝であろうと云った学者がある位であるから、猫の足踏みと文明人のダンスとの間の関係を考えて見るのも一[*100]つの詩人の空想としては許されるべきもので[*101]はあるまいか。

(昭和二年八月十一日)

(『思想』昭和二年九月号掲載)

※掲載に際して、旧漢字・旧仮名遣いは新字・現代仮名遣いに改めましたが、初出原文の趣を損なわないように努めました。また、文中において、今日の人権意識からみて不適切と思われる表現が一部用いられていますが、時代背景を考慮して原文のまま掲載しました。

# 備忘録　注釈

**＊1　滲み出して**

当箇所は、後に昭和七年六月に刊行された『続冬彦集』に収載されるにあたり「沁み出して」と改められた。

**＊2　夏目先生の「修善寺日記」**

明治四十三年八月六日から十月十一日まで記録された夏目漱石の病床における「修善寺大患日記」のこと。同年七月三十一日に長与胃腸病院を退院した漱石は、門下の松根東洋城に勧められて、八月六日より伊豆修善寺温泉の菊屋旅館に滞在したが、病状悪化し多量の吐血をして人事不省に陥った。この日記には、一時的に死を体験した漱石の率直な心境が、多くの俳句や漢詩とともに告白されている。寅彦はこの期間、欧州留学中で、熊本五高時代の同級生 内丸最一郎の葉書により、漱石大患の知らせをドイツで受け、九月三十日付で漱石宛に見舞いと旅行見聞記をまとめた長文の手紙を送っている（以下はその一部）。「昨日旅行から帰つて来て内丸君からの端書を見ましたが、先生は修善寺で御保養中吐血を為さつたさうで驚きました。先達［て］胃腸病院へ御入院のことを聞きましたが、其後は宜しい様に聞いて居まして、早々此頃は平素の通に御成りの事と勝手に考へて居まして相済みません。そんな未だ御病気とは思ひませんでした。私の頭には、御別れした頃の先生が残つて居て、病院に居られる先生は一寸想ひ泛《うか》べられません。其後余程宜しいさうで喜ばしいことです。どうか万事を差措いて御療養専一に成されることを祈ります。御承知の通りの男ですから、日本に居たとて碌な御看護は出来ますまいが、それでも唯修善寺まで行つて御模様が見たいといふ気がせずには居られません。」その後、十月にゲッチンゲンに移った寅彦に小宮豊隆から続報が届き、その返事の一部は以下のように送っている。「十月五日附の御手紙難有《ありがと》う、詳しく先生の御病状を知らして下さつて難有う。月沈原《ゲッチンゲン》へ来て始めて西洋の秋を知りました、朝日が窓からさしこんで垣根の植込に小鳥が来て鳴く、伯林《ベルリン》では囚はれた自然ばかり見て居たが此処へ来て始めて自然な自然を見ました、従て日本を想ひ、早稲田を想ひ南町七番地を想ふ事が多くなりました。」（明治四十三年十月二十二日付の絵葉書より）寅彦は十月十八日付で漱石に、「其後御病気如何に候哉、引継《ママ》き御快癒の事かと被存候へ共、御自愛専一に奉存候」とその後の様子を伺う絵葉書も送っている。漱石からの返事として、十一月九日付でゲッチンゲンの寅彦宛に届いた絵葉書については口絵を参照。関連として、同時期に書かれたエッセイ『思い出す事など』や寅彦作品「夏目先生の俳句と漢詩」「夏目漱石先生の追憶」、および川島禎子氏の解説も参照。

**＊3　子規の「仰臥慢録」**

明治三十四年九月二日から明治三十五年九月三日まで記録された正岡子規の病床日記。子規はこの記録の後まもない九月十九日に亡くなっている。当時、医師からも奇跡的な生存と診断されていた子規の病勢は日記の記録とともに進んでいくが、寝返りさえも困難な「仰臥」の世界から垣間見られる、時にグロテスクな生理的欲求や病者のエゴイズムが、毛筆で描かれた多くの絵や俳句・短歌、そして日々の食事記録を通して記されている。関連として、『病牀六尺』『墨汁一滴』や寅彦作品「子規の追憶」「子規自筆の根岸地図」も参照。

**＊4　估価**

値打ち、相場。

**＊5　岩波文庫の「仰臥漫録」**

岩波文庫は、寅彦が本随筆の執筆にとりかかった昭和二年七月に創刊。寅彦が手にした「仰臥漫録」は、刊行開始されたばかりの岩波文庫の一冊だったことがわかる。詳細は『窮理』第二十一号、川島禎子、「窮理の種」第二十回「松島の月」も参照。また、寅彦は「仰臥漫録」を大正九年二～三月に小宮豊隆から借りて読んでいたことが日記に記録されている。

**＊6　暑さを忘れ距離を忘れ時間を忘れる**

当箇所は、前記の『続冬彦集』に収載されるにあたり「暑さを忘れ距離を忘れる」と改められている。

**＊7　政友会が内閣をとるか憲政会が内閣をとるか**

政友会は明治後期から昭和初期にかけて存在した政党で正式名称は立憲政友会（初代総裁は伊藤博文）。憲政会は大正期から昭和初期にかけて存在した政党（初代総裁は加藤高明）。昭和二年三月に金融恐慌が始まったことで、時の単独内閣だった憲政会政権（若槻礼次郎内閣）は崩壊し、立憲政友会による田中義一内閣が四月に成立した。野党となった憲政会は当時もう一つの政党であった政友本党（政友会から大正期に分離独立した党）と合流し、立憲民政党を六月に発足した。寅彦が本随筆を執筆した昭和二年七〜八月は、立憲政友会による田中内閣下であった。

**＊8　稀薄なものでもなく**

当箇所は、前記の『続冬彦集』に収載されるにあたり「稀薄なものではなく」と改められた。

**＊9　無感覚ではなかったであろう**

当箇所は、前記の『続冬彦集』に収載されるにあたり「無感覚ではなかったろう」と改められた。

**＊10　「マグロノサシミ」**

寅彦日記、大正十年七〜九月にかけて「マグロ刺身」や「まぐろさしみ」といった記録が散見されている。注5の事実を踏まえると、子規の影響を受けた記述と考えられるかもしれない。寅彦は大正八年末に胃潰瘍で吐血したため、大正九年一月〜大正十年十月まで大学を休職し病気療養していた。

**＊11　「笑」**

寅彦は大正十一年一月に、「笑」という随筆を寄稿している（『思想』）。川島禎子氏の解説も参照。

**＊12　トニカ**

tonica（伊語）主和音、トニック。本随筆の音楽的背景については川島禎子氏の解説を参照。

**＊13　大正八年の病気**

寅彦は大正八年一月、前年より続いていた家族のスペイン風邪と思われる相次ぐ感冒感染により自身も罹患。予後芳しくない状態が続き、同年の春先には胃の不調も訴えていたが、七月になって快癒してきた様子がうかがえる。注10も参照。

**＊14　寒暖計が八十度近く**

ここでは華氏（℉：ファーレンハイト）の単位表記のため、摂氏（℃：セルシウス）に換算すると26・7℃近くになる。

**＊15　足袋をはかなくても足が冷えない**

寅彦の寒がりについては、『窮理』第十二号、川島禎子、「窮理の種」第十一回「四〇の惑い」も参照。

＊16　珈琲店
当箇所は、前記の『続冬彦集』に収載されるにあたり「喫茶店」と改められた。

＊17　「フォーヌの午後」
フランスの作曲家クロード・ドビュッシー（Claude Achille Debussy, 1862〜1918）が、詩人マラルメの『牧神の午後』に影響を受けて書かれた管弦楽作品で、正式名称は『牧神の午後への前奏曲』（Prélude à L'après-midi d'un faune）。寅彦作品「夏　一　デーパートの夏の午後」「ある幻想曲の序」参照。

寅彦の描いた「中庭」（大正10年8月頃作、油彩、『寺田寅彦画集』より）

＊18　ドビュッシーは恐らく貧血性の冷え症
注17の曲では牧神（フォーヌ）の「パンの笛」をイメージする楽器としてフルートが使われている。寅彦は、茫漠とした気怠さを表現した曲調に、自身の貧血性の症状を重ねたものと思われる。寅彦作品「夏」も参照。

＊19　中庭へ籐椅子を出して星を眺める
寅彦作品「小さな出来事　四　新星」も参照。

＊20　スコルピオン座
さそり（scorpion）座のこと。

＊21　今年は花壇の向日葵が途方もなく生長して…
寅彦は大正十三年に向日葵の苗を庭に植えていたことが「無題（六十）」（『柿の種』所収）に書かれている。

＊22　雲の変化
「家庭の人へ　こわいものの征服」や「春六題　六」なども参照。

＊23　稲妻でもすれば更に面白い
寅彦が最も多く詠んだ俳句の季語は「稲妻」であり、その数は発句だけで37句に上る。「線香花火」とともに中谷宇吉郎と進めたスパークの研究など、稲妻へ

寅彦の描いた「ひまわり」(左はクレヨン画で制作時期は不明、
右は油彩画で大正13年8月作、『寺田寅彦画集』より)

の深い興味がうかがえる。『窮理』第十一号、川島禎子、「窮理の種」第十回「稲妻が照らすもの」も参照。

**＊24　夏の山路を歩いて居ると……**

寅彦作品「さまよえるユダヤ人の手記　一　涼しさと暑さ」および川島禎子氏の解説も参照。

**＊25　暑中に灸をすえる感覚**

寅彦作品「自由画稿　七　灸治」も参照。

**＊26　熱い酒に冷たい豆腐のひややっこ、アイスクリームの直後のホットカフェー**

寅彦作品「涼味数題」も参照。

**＊27　此れは心理学者の問題**

当箇所は、前記の『続冬彦集』に収載されるにあたり「此れも亦心理学者の一問題」と改められた。

**＊28　南画中の神品**

寅彦の義兄(長姉　駒の夫)である別役《べっちゃく》傷《しゅん》は南画を川村雨谷に学び春田と号していた。寅彦作品「思出草一」も参照。川村雨谷には父利正も学んだ。漱石と南画の関係については川島禎子氏の解説も参照。

**＊29　fecund**

多産な、創造力豊かな、よく実る。

＊30　純粋な実験物理学者は写実主義の芸術家と似通った点がある
寅彦は「夏目漱石先生の追憶」の中で、漱石から「自然の美しさを自分自身の眼で発見することを教わった。」と書いている。川島禎子氏の解説および「科学者と芸術家」も参照。

＊31　天然も観察
当箇所は、前記の『続冬彦集』に収載されるにあたり「天然を観察」と改められた。

＊32　オーソリティ
authority　権威、権力。

＊33　ヴァン・ゴーホ
フィンセント・ファン・ゴッホ（Vincent van Gogh, 1853–1890）。オランダの後期印象派の画家。代表作『ひまわり』は、成熟した様式に達した晩年（アルル滞在時）の作品。パリ滞在時は浮世絵に影響を受けた。

＊34　音楽のテンポ
本随筆「線香花火」に登場する音楽用語の語義を下記する。ラルゴ（largo：伊語）＝幅広くゆるやかに。アンダンテ（andante：伊語）＝歩くような速さで。アレグロ（allegro：伊語）＝速く。プレスティシモ（prestissimo：伊語）＝極めて急速に。デクレスセンド（decrescendo：伊語）＝だんだん弱く。フィナーレ（finale：伊語）＝最終楽章、終曲。

＊35　チャイコフスキーのパセティクシンフォニー
ロシアの作曲家ピョートル・チャイコフスキー（Pyotr Ilyich Tchaikovsky, 1840～1893）が作曲した最後の大作で、正式には交響曲第六番ロ短調「悲愴」（Simphonie Pathétique）として知られる。第一楽章から第四楽章までの四楽章で成り立っており、その音楽の調べは寅彦の叙述のとおり線香花火の炎のダイナミズムに見事重なっている。とくに第四楽章の最後は、火花の最後のフェーズである「散り菊」の終局と同じく、静かに消え入るように終わる。寅彦は、ランドン・ロナルド指揮、ロイヤル・アルバート・ホール管弦楽団によるレコードを所有していた（高知県立文学館所蔵）。

＊36　線香花火の一本の燃え方には……
火花の燃え方（蕾・牡丹・松葉・散菊）については口絵

および井上智博氏の解説、付録の中谷宇吉郎氏の二編を、音楽的背景は寅彦作品「連句雑俎」も参照。

**＊37　ベートーヴェンのソナタ**

ドイツの作曲家ルートヴィヒ・ヴァン・ベートーヴェン（Ludwig van Beethoven, 1770 ~ 1827）は、二つの主題を中心とした提示部・展開部・再現部の三部形式からなる楽曲を得意とし、これがロマン派以降のソナタ形式のもととなった。本随筆執筆二カ月ほど前の昭和二年五月八日、寅彦は上野の演奏会へ行き、ベートーヴェンを聴いており、本随筆を執筆したと思われる七月二十四日の前日には、ベートーヴェンのホルン・ソナタを稽古している。「月光」や「運命」のレコードも所有していた（高知県立文学館所蔵）。

**＊38　じゃかじゃかのジャズ音楽**

寅彦は、本随筆を執筆した八月五日にラジオでジャズを聴き、「実に曲のないものである」と明記している。

**＊39　研究を勧誘して来た**

中谷宇吉郎「線香花火」（付録）を参照。

**＊40　二年許り前に少しばかり手を着けはじめて見た**

大正十四年一月二十七日付の寅彦日記には「中谷君線香花火を持参 glass plate に火花を受けて顕微鏡で見る。」という記録が見られる。

**＊41　将来一つの重要な研究題目になり得る**

昭和三年七月三十一日付の中谷宇吉郎宛書簡には、当時ロンドン留学中だった中谷氏に「大学中期学生（東京の）が一人来て「金米糖」の実験を休暇中やつて居る。存外面白い（此れは秘密にあらず）線香花火のがベリヒテーに来ましたね。「柳」や「チリギク」が世界的になつたから可笑しい、曙町の古狸が一人でにや〳〵して居る処を御想像願ひます」と書いており、本随筆執筆後も研究を進めていたことがわかる。中谷宇吉郎「線香花火」（付録）および井上智博氏の解説も参照。

**＊42　恐らく疾うの昔に誰か……**

井上智博氏の解説を参照。

**＊43　近頃フランス人で刃物を丸砥石で砥ぐ時に出る火花を研究**

中谷宇吉郎・関口譲による論文「線香花火及び鐵の火花に就いて」（「理化学研究所彙報」第六集第十二号、一九二七年）によると、これはフランスの E. Pitois が行った実験を指しており、Pitoisは一九二四年一月に火花に関するエッセイ集『L'essai aux étincelles』を刊行している。同年八月十一日付で中谷宇吉郎宛に送られた寅彦書簡（管見の限りでは初めて宇吉郎に出した葉書）には、「御手紙難有《ありがと》う、線香花火の件面白かつた、此間ネチュアーの新刊書目で見付けて注文したフランスの本はどうも其の事をかいたものらしい。兎に角面白いから、何かやつて見たい。一体研究方法のきまつたものはやる人が多いが、どうして研究していゝか分らぬものは手をつける人が少ない　本当は其方が一番面白いんだが」と、その後の線香花火研究を示唆する話を交わしていたことがうかがえる。

**＊44　西洋の学者の掘り散らした跡へ……**

これに関連して、大正十五年三月（日付不明）の寅彦日記には、「西洋の学者の眼ばかりを通して自然を見て居るのでは日本の物理はいつ迄も発達しないFaradayのやうな人間が最も必要である。大学が事柄を教へる処でなく、学問の仕方を教へ学問の興味を起させる処であればよい、本当の勉強は卒業後である。　歩き方さへ教へてやれば卒業後に銘々の行き度い処へ行く、歩く事を教へないで無闇に重荷ばかり負はせて学生をおしつぶしてしまふは宜しくない。」と書かれている。松下貢氏および井上智博氏、川島禎子氏の解説も参照。

**＊45　金米糖という菓子**

寅彦は「電車と風呂」や「丸善と三越」といった随筆を〝金米糖〟の筆名で執筆し、この他にも「自画像」や「鸚鵡のイズム」「帝展を見ざるの記」の執筆に〝有平糖《あるへいとう》〟の筆名を使っており、これらの和菓子への思い入れが強く感じられる。古典作品では、井原西鶴の『日本永代蔵』巻五（一）「廻り遠きは時計細工」にも金米糖が登場する。寅彦作品「西鶴と科学」も参照。

**＊46　此の金米糖の出来上がる過程……**

寅彦は、後の昭和三年十月十三日付の小宮豊隆氏宛の書簡で、「山田孝雄氏に御会ひの節「金米糖」といふものが大凡《おおよそ》何時の時代から出現したものだか聞いておいて頂度と存じます、其内に論文をかく積りであります。金米糖製造を見学に浅草の菓子屋へ出張したのだがその菓子屋先生が先日やつて来て「アレはドーなりましたか」と聞きに来たのは面白かつた、その内に別刷と酒一升《いっしょう》携へて礼に行かうと考へて居ます」と書いている。福島浩「金平糖」（付録）および松下貢氏、早川美徳氏の解説も参照。

**＊47　統計的異同 fluctuation**

fluctuation　揺らぎ。松下貢氏と早川美徳氏の解説、および福島浩「金平糖」（付録）を参照。

**＊48　金米糖の角の数が略々一定**

寅彦は大正十五年一月四～十日において、金米糖の角の数をローマ字懐中日記に以下のように記録している。「Konpeitô no Tuno　22 24 25 26 21 30 27 26 25 27 ― 24.3」。早川美徳氏の解説も参照。

**＊49　此れも一つの**

当箇所は、前記の『続冬彦集』に収載されるにあたり「此れは一つの」と改められた。

**＊50　リヒテンベルクの放電図形**

ドイツの物理学者ゲオルク・クリストフ・リヒテンベルク（Georg Christoph Lichtenberg, 1742 ～ 1799）が発見した絶縁体の上または内部の放電から形成されたシダ状の分岐構造で、その自己相似パターンはフラクタルの性質を示す。雪の結晶のように美しい模様を表す自然界の芸術作品ともいえる。これに関する寅彦作品については松下貢氏の解説を参照。

**＊51　ロード・ケルヴィンは地球上の生命の種子が光圧によって……**

ケルヴィン卿（Lord Kelvin）の名で知られるイギリスの物理学者ウィリアム・トムソン（William Thomson, 1824 ～ 1907）が唱えた光パンスペルミア説のこと。パンスペルミアはギリシア語で「様々な種子の寄せ集め（汎種）」を意味する。恒星からの「輻射圧の推進力によって生命の萌芽が宇宙空間中を輸送された」という説は、寅彦が翻訳したスウェーデンの科学者スヴァンテ・アレニウス（Svante August Arrhenius, 1859 ～ 1927）の『史的に見たる科学的宇宙観の変遷』（Das Werden der Welten）の最終章の後半に述べられている。寅彦は本随筆の脱稿後の翌日八月十二日に、岩波書店でこの洋書の翻訳を依頼されていた。

**＊52　物質と生命との間に橋を架ける日**

寅彦のこの問題意識は、生物物理学者の金子邦彦氏によると、「ベルギーの科学者プリゴジンらによる非平衡開放系での秩序としての生命観とつながるようにも見える」もので、「原子の集合体というレベルでの秩序構造に生命の胚子を見ようとした点では、むしろ生物の非常に微小なスケール現象に分子機械としての生命を見ようという最近［注：九〇年代］の流れを先取りしているようにも思われる。」（「複雑系へのカオス的遍歴」より）と解説されている。関連として、『物理学序説』第一篇第四章「物質科学と生物科学」および「春六題　五」も参照。

**＊53　個々の人間が恰も**

当箇所は、前記の『続冬彦集』に収載されるにあたり「個々の人間も恰も」と改められた。

**＊54　そして**

当箇所は、前記の『続冬彦集』に収載されるにあたり「そうして」と改められた。以下、同様の箇所が見られる。

**＊55　個性の可能性**

寅彦は後の昭和三年九月に書いた「ルクレチウスと科学　二」において、「これは、数年前、同種元素の原子に個性の存在を暗示したウィリアム・ソディの説に示唆されてから考えた事であったが、今になって考えてみると、この私の考え方は全然ルクレチウスのここの考えを、知らずに踏襲したものとも云われるのである。」と述べ、本随筆執筆の直前に読んでいたルクレティウス（Lucretius, 99BC ～ 55BC）の『物の本質について』（De Rerum Natura）の第二巻から間接的に影響を受けていたことを振り返っている。ウィリアム・ソディとはノーベル化学賞をそれぞれ受賞した、希ガス元素の発見者であるウィリアム・ラムゼイ（William Ramsay, 1852 ～ 1916）と同位体理論で知られるフレデリック・ソディ（Frederick Soddy, 1877 ～ 1956）を指す。また、本随筆を朝から執筆していた八月七日は、自宅に来た小宮豊隆らとルクレティウスの話をしている。口絵写真および川島禎子氏の解説も参照。

**＊56　近年の記録を破った今年の夏の暑さ**

本随筆を執筆していた昭和二年七月頃の寅彦日記を見ると、七月二十二日から「午後95℉（注：35℃）位になりし由、夜十時庭中にても82℉（注：27・8℃）を下らず」といった記録が散見され、本随筆を脱稿し原稿を渡した八月十一日も午後二時で87°F（30・6℃）あったことが記録されている。この年の最後の記録である十月九日でも70°F（21℃）とあり、当時としては例年にない暑さだったことがわかる。

**＊57　サティールででもなければ見られなかった筈の美しいニンフ達**

サティール（Satyr）別名サテュロス（Satyros）は、酒神ディオニュソス（Dionysos）の随伴者としてギリシア神話での森や山野に登場する半人半獣の山羊脚をした神。酒好きで好色家であるサティールは、妖精のニンフ（nymph）たちをからかったり悪戯する。寅彦は、風呂屋で女性の裸体も見慣れている三助にサティールを重ね見ている。寅彦作品にはニンフがよく登場する（「夏」「田園雑感」「ある幻想曲の序」など参照）。

**＊58　困った事に**

当箇所は、前記の『続冬彦集』に収載されるにあたり「困った事には」と改められた。

**＊59　手綺麗で**

当箇所は、前記の『続冬彦集』に収載されるにあたり「綺麗で」と改められた。

**＊60　忙しいそう**

当箇所は、前記の『続冬彦集』に収載されるにあたり「忙しそう」と改められた。

**＊61　ピアノでも据えてあろうという室**

寺田家の応接間にはピアノがあった（本書扉絵参照）。寅彦は本随筆を執筆していた七月二十三日にはデュオを、八月五日にはトリオを稽古している。

**＊62　夏目先生の「草枕」の主人公**

漱石の影響については川島禎子氏の解説を参照。寅彦手帳の昭和二年の項目には「○備忘録　ぼつちやん見物　夏目先生のモデル」と書き留めた跡があり、漱石に関する構想を練っていた事がうかがえる。

**＊63　最明寺時頼**

能の演目「鉢の木」に描かれた、晩年に諸国を遊行した北条時頼（別名：最明寺入道）の伝説。

**＊64　水戸黄門**

江戸時代の水戸藩主、徳川光圀《みつくに》こと黄門様が隠居して、日本各地を漫遊しながら世直しする物語。『水戸黄門漫遊記』としても知られる。

*65　芥川龍之介君が自殺した

寅彦が本随筆を執筆中だった昭和二年七月二十四日未明に、芥川龍之介が田端の自宅で睡眠薬のヴェロナールおよびジャールの致死量を服し自殺した事件。遺稿には「歯車」「或阿呆の一生」「続西方の人」があった。寅彦はこの事件に際して、翌日に小宮豊隆宛に切実な心情を吐露した書簡を送っている（詳細は川島禎子氏の解説を参照）。

*66　夏目先生のたしか七回忌

大正十一年十二月九日の寅彦日記には、「午後一時茗荷谷至道庵の夏目先生七回忌に出席、墓参。小宮、和辻、鈴木、西村君と散歩　目白の鈴木君宅による。」とある。

*67　ひどく憔悴した艶のない蒼白い顔色

漱石の七回忌が行われた大正十一年暮れ、芥川は不眠に悩み、強度の神経衰弱、胃痙攣、腸カタル、ピリン疹、心悸昂進、幻視、幻聴に苦しめられていたことが書簡からわかっている。

*68　K君

同じ漱石門下の小宮豊隆と思われる。

*69　K社

改造社と思われる。

*70　A派

アララギ派と思われる。

*71　歌人のS・A氏

「アララギ」の発行人であり編集責任者であった島木赤彦と思われる。

*72　丑女が死んだというしらせ

昭和二年七月三十日の寅彦日記には、「博田丑死去の報知二三日前に来れり。丑は自分の高等学校時代から父上死去迄郷里の家に勤めた、殆んど一生の盛り時を寺田の家で過ごした、姪を貰つて養女として居たさうであるが、その後どうなつたかを知らない。教育はないが頭のいゝ女であつた、人の心を見る眼をもつて居た。兎も角も自分の若い時分から親しかつた人間が段々に死んで少なくなつて行くのは淋しいものである。七月廿六日死去。」とある。

*73　ルーベンス型

バロック美術を代表する十七世紀のフランドル（ベルギー）の画家ピーテル・パウル・ルーベンス（Peter

Pau Rubens, 1577–1640）が、多くの作品で描いた豊満で優美な女性像を指すと思われる。

＊74　**あまり油を売る**
当箇所は、前記の『続冬彦集』に収載されるにあたり「油を売る」と改められた。

＊75　**イーゴイスト**
egoist　エゴイスト、利己主義者。

＊76　**父の最後の病床**
寅彦の父 利正は大正二年八月十七日、高知の自邸で急性腹膜炎により七十七歳で亡くなっている。利正は南画、骨董、築庭、謡曲、篆刻、茶道など趣味が豊かであった。同年十二月に寅彦は帰郷し、父の遺品の整理を行っている。

＊77　**寒暖計は九十余度**
注14と同様、摂氏換算で35℃程度。

＊78　**昨年母の遺骨を守って帰省**
寅彦日記および書簡によると、本随筆執筆の前年である大正十五年六月二日、寅彦が地震談話会出席中に母 亀が脳出血により卒倒し、六日に死去した。享年八十四。七日に移霊祭、八日に告別式が行われ、七月二十七日に遺骨を守って家族と共に郷里高知へ行き、二十九日に久萬山の墓地に埋葬している。川島禎子氏の解説も参照。

＊79　**十里の道**
約四十キロメートルの道のり。

＊80　**自分の若かった郷里の思い出の……**
寅彦は、本随筆の執筆を始める直前の七月二日、電報で甥の伊野部重彦が亡くなったという知らせを受けている。重彦は伊野部家へ嫁いだ次姉 幸の長男。川島禎子氏の解説も参照。

＊81　**結局は唯**
当箇所は、前記の『続冬彦集』に収載されるにあたり「結局は」と改められた。

＊82　**此等の人々の追憶をいつかは書いておきたい**
寅彦は大正十年に亡くなった甥の別役亮を追想した「亮の追憶」や、ケーベル先生を追悼した「廿四年前」を既に書いていたが、本随筆を執筆後、「子規の追憶」や「蓑田先生」「夏目漱石先生の追憶」「田丸先生の追憶」「重兵衛さんの一家」「銀座アルプス」「糸車」など多くの回想随筆を書き残した。

＊83　三匹の飼猫
「猫の死」に登場する「玉」「三毛」「チビ」の三匹の猫のこと。寺田家の最初の猫である「三毛」がやって来たのは寅彦が休職中だった大正十年六月十八日のことで、「玉」は七月三十一日だった。寅彦日記には、三毛については「曙町七の山本氏方より子猫を貰ふ」とあり、玉については「牛乳屋赤毛の小猫を持ち来る」とそれぞれ記録されている。初代三毛のほか二代目三毛（小三毛）もおり、本随筆で登場するのは初代三毛。三毛と玉から始まる寺田家の猫の歴史については、寅彦作品「鼠と猫」「子猫」および『窮理』第三号、永橋禎子、「窮理の種」第二回「三毛の幻」も参照。

寅彦が撮影した寺田家の猫（『続冬彦集』より）。
撮影時期は昭和６年頃と思われる。

＊84　家内中の誰にも格別に愛せられなかった
玉の新参当初の問題行動については、寅彦作品「鼠と猫」も参照。

＊85　そういう活発な
当箇所は、前記の『続冬彦集』に収載されるにあたり「そう活発な」と改められた。

＊86　春の目さめる日
大正十一年二月八日付の小宮豊隆宛書簡で、寅彦はドイツ語で、三毛と玉の生態（とくに玉の本能）について以下のように書いている。「Auf dem Kotatu sitzen die zwei Kätze, Mike und Tama. Von Zeit zu

Zeit fängt Mike den Kopf Tamas herumzulecken, mit einer Zärtlichkeit einer Schwester oder..... Diese Liebkosung bezahlt Tama mit Beissen und Kratzen, allerdings nicht ganz ernst, aber ziemlich keck und derb. Erst neulich ist der Frühling beim Tama erwacht. Oft sah ich Tama auf den Nacken Mike anbeissend mit einer Art unheimlichen erstickten Wut. Tama selbst ahnt ja nichts ; es ist die Natur, Solche Scene kommt glücklicherweise nur dann vor wenn es alles still ist und nie in der Gegenwart der Kindern.」(コタツには三毛と玉の二匹の猫が座っている。三毛は時折、姉の優しさで玉の頭を舐め始める。玉はこの愛撫の代償として、本気というわけではないが、むしろ無鉄砲かつ無遠慮に噛んだり引っ掻いたりする。つい先日、玉に春が目覚めた。私は、玉が不吉な怒りを押し殺して三毛の首に噛み付いているのをよく見た。玉自身は何も疑っていない。自然なことだ。このような光景は幸いにもすべてが静かなときにしか起こらないし、子供たちの居る前では決して起こらない。）

**＊87　或る日縁側で倒れて気息の絶え絶えに……**

大正十三年四月二十六日の寅彦日記には以下の記述がある。「猫の玉が唯今から急に発病、嘔吐、漏便、気息奄々だといふ。猫医者へ電話をかけたが留守だといふ。弥生[注：次女]にまたゝびを買ひにやつて呑ませ、坐蒲団へねかせて古綿をかけてやりなどする。またゝびを水に混じたのを少し呑む度に起き上る。頭や脚などが少し冷たいのでとても助かるまいと思つたが、少しづゝ元気づくやうである。其内、多量に食物を吐いたが中に長い蛔虫のやうなものが居た。子供部屋の北椽へ寝かせてやる。幸に回復したらしい」

**＊88　庭の青草の上に長く冷たくなって……**

大正十三年五月七日の寅彦日記には以下の記述がある。「朝、目がさめると猫の玉が庭で死んで居ると云つて騒いで居る、見るのが厭だからしま［注：寺田家女中］に云つて裏の桑の根へ埋めさせる。何だか淋しい、四年越の生活の伴侶であつた。一昨日の夕方学校から帰つた時に姿が見えなかつた、其時死んだんぢやないかといふ気がふいとした。しまが抱いてつれて来たのをなでゝやつた。昨日の朝椽側にねて居るのを撫で、やつたら喜んで仰向けに引くりかへつて嚙みつきなどした事を思ひ出す。矢張り虫のせいらしい。セメンでものませばよかつたかも知れない。寝て居る間だつたから手当が出来なかつた、可愛さうに人をおこす事も知らないで独りで苦しんで死んだのである。死骸を見なかつたけれ共、青草の美しい庭の土に横になつた黄色い姿を見るやうな気がしてならない」

寅彦の描いた「子猫」（大正 11 年 8 月作、油彩、『寺田寅彦画集』より）。この絵を描いた経緯は随筆「子猫」を参照。

＊89　満七年の間に三十匹程の子猫の母となった
三毛のお産については寅彦作品「子猫」も参照。その背景となる記録が寅彦日記には散見され、大正十一年三月九日「三毛の腹が目立つて大きくなつた」や同年八月二十六日「帰つてから子猫を写生する」、大正十二年七月二十一日「二三日前三毛が子供を産んだ、今度のは毛色が従来のとちがつて三毛が多い、一疋《ぴき》珍らしい薄い褐色のが居る。」、大正十四年九月六日「三毛の子猫六匹の中四匹迄片付いて居たが、今日残り二匹（雌で白に雉班《ママ》と黒縞）を家畜医の処へやる。」と、数年にわたって三毛のお産が続いていたことがわかる。随筆「子猫」によれば、三毛が生まれたのは大正十年春と推定される。

＊90　次第に食欲がなくなり元気がなくなった
三毛が亡くなった時期は不明だが、大正十五年九月二十日付の松根東洋城宛書簡では、「憶猫児　掾《えん》に

小春《こはる》柱に残る爪の痕」や「猫の墓に　枯芒《かれすすき》霜の夜頃は寒からめ」といった猫の追憶や墓に関する俳句を送っており、この年に猫が亡くなった背景を思わせる。また、本随筆脱稿後の昭和二年八月二十三日の寅彦日記には「三毛病気、食慾なく吐気あり」、翌二十四日も「朝三毛病気模様悪く吉田家畜病院へ電話をかける［中略］蛔虫の為の由、薬を貰つて呑ませる。」と記録されているが、この日記中の三毛がその後亡くなったかどうか不明であることから、前年に初代三毛が亡くなっていた場合、日記中の三毛は二代目三毛の可能性もある。

**＊91　童謡のようなものが口吟まれた**

寅彦自筆の「三毛の墓」の楽譜と歌詞は本書扉裏参照。

**＊92　一月位たって塩原へ行ったら**

寅彦は、大正十五年八月三十一日（同行者：松根東洋城）と昭和二年八月三十一日（同行者：松根東洋城・小宮豊隆・津田青楓）と、それぞれ塩原温泉明賀屋旅館に宿泊し、連句を巻いている。本随筆の執筆時期と注90の背景も踏まえると、大正十五年の塩原行が該当すると思われる。

**＊93　其の後仙台へ行ってK君を訪問**

昭和二年七月十七日に仙台の小宮豊隆（K君）を訪ねた寅彦は、そのときの記録をしたスケッチブックの七月十九日付に「小猫先頃拾ひ来て間もなく亡くなりしチビに生写しなり」と書いている。川島禎子氏の解説も参照。

**＊94　Miserable misanthrope**

あわれな人間嫌い。モリエールの戯曲『Le Misanthrope ou l'Atrabilaire amoureux』（人間嫌いあるいは怒りっぽい恋人）を指していると思われる。川島禎子氏の解説も参照。

**＊95　working hypothesis**

作業仮説。研究上の手段として有効な仮説のこと。

**＊96　此の食肉獣**

当箇所は、前記の『続冬彦集』に収載されるにあたり「食肉獣」と改められた。

**＊97　舞踊**

寅彦は本随筆の執筆前から舞踊に関心を持っており、大正十一年九月には、当時世界的に活躍していたバレリーナ、アンナ・パヴロワの訪日公演を小宮豊隆らと観に行っている。寅彦が生前影響を受け、交流もしていた哲学者 和辻哲郎の『日本精神史研究』(大正十五年刊)の最終章「歌舞伎劇についての一考察」の中でも、「アンナ・パヴローヴァ」の舞踊が論じられている。また大正十二年には、『Qu'est-ce que la Danse』という奇書を舞踊論の材料に仕入れていた。ルクレティウスとの関連は川島禎子氏の解説を参照。

＊98　インスティンクト
instinct　本能、本能的反応。

＊99　赤ん坊の腕
当箇所は、前記の『続冬彦集』に収載されるにあたり「赤ん坊の胴」と改められた。

＊100　一つの詩人の空想
当箇所は、前記の『続冬彦集』に収載されるにあたり「一つの空想」と改められた。

＊101　ではあるまいか
当箇所は、前記の『続冬彦集』に収載されるにあたり「であろう」と改められた。

(監修：細川光洋／静岡県立大学教授)

# 寺田寅彦の科学に見られる先見性

松下　貢

# はじめに——複雑系の科学

従来の科学は、注目している系に何かわからないことがあると、それを細かく分解して得られたより単純な系を詳しく調べるという要素還元主義的な傾向が強い。結果として近・現代科学が大いに進展したことは間違いないし、この流れの中で私たちの日常生活を支えている技術が飛躍的に発展したことも事実である。しかし、私たちが日ごろ目にする自然の美しさ、素晴らしさを科学的に理解しようと思うと、このようなやり方では難しい。自然の美しさはばらばらに分解すると元も子もなくなり、まとまりとして見なければならないからである。

寺田寅彦は、私たちの身の回りには自然に限らずこのようなことが多いことにはっきりと気付いていた。実際、寅彦が日常的な現象に関して科学的な考察を行い、随筆として後世に残したテーマを列挙してみると、本書の主題である金米糖の角《つの》のでき方、線香花火だけでなく、雷やリヒテンベルク図形に見られる枝分かれパターンを示す放電現象、雪などの樹枝状結晶の成長、椿の花弁の落ち方、藤の乾燥した実の散らばり方、砂の流れ、河川の分岐、固体の割れ目、貝の模様や生き物の体表の縞模様など、多岐にわたっており、どれを見ても上に記した西欧近代的・要素還元主義的なアプローチでは理解できないものばかりである。この点については、寅彦の随筆「日常身辺の物理的諸問題」（昭和六（一九三一）年四月『科学』）や「物理学圏外の物理的現象」（昭和七（一九三二）年一月『理学界』）（昭和に、私たちの身近にこれほども興味深い現象があるのに注目されていないのは問題であり、逆にいうと、それらは独創的な科学研究の対象になり得ると記している。

このような、一見まとまりのないようにも見える寅彦の科学を現代的な視点で正しく評価するためには、現在世界的に注目され、研究されている複雑系とその科学に言及しなければならない。複雑系とは、必ずしも同一ではない多種多様なモノやヒトなどの要素が多数集まって複雑に絡み合い、関係しあいながらも一つにまとまっているような系のことをいう。まとまっているといっても、その一つのまとまりがそれ以外から孤立しているとは限らず、それぞれ異質な複雑系がまとまって、より大きな複雑系を構成することはごく普通にある。

例えば、私たちが住む町は様々な人たちからなり、学校や病院、役所があり、いろいろなお店や会社からできており、一種の複雑系とみなされる。町を構成する学校、病院、役所、会社などもそれぞれが複雑系であり、市、町や村から構成される都道府県も、それらからなる日本という国も、いろいろな国々からなる世界も複雑系である。また、私たちヒトを含めた生き物の生体組織（内臓など）はそれぞれが複雑系であると同時に、それらが集まって構成される個体（人間一人ひとりや動物など）も一つの複雑系であり、さらに生き物が集まってできる生態系も複雑系であって、地球環境そのものが大きな一つの複雑系とみなされる。

このような複雑系では、要素間の相互作用のために、その相互作用の形や構成要素の個性などの部分的、局所的な特徴だけからは予測できない多様な特性が自己組織的に発現したり、系内の局部で起こったごく些細な出来事が系全体にわたるほどの大きな変動に発展する可能性がある。これらの複雑系固有の現象は自己組織化、創発、恐慌、大変動などと呼ばれている。科学者の世界に突然アインシュタインのような天才科学者が現れるのは科学者集団という複雑系の中で起きた創発であり、山に積もった細かい雪がその斜面のどこかでちょっとした些細なきっかけにより起こす大規模な雪崩は典型的な大変動である。

このように見ると、寅彦が注目していたのは、まさしく日常身辺で見られる複雑系であることがわかる。そのため、近年進展したカオス、フラクタル、非線形科学やそれらの発展・延長線上にある複雑系科学の視点からは、寅彦の科学的考察と思索の産物である随筆には、汲めども尽きない魅力が秘められている。寅彦は、自然界には要素還元主義的な手法では捉えることのできない、しかし、科学的には依然として非常に興味深くかつ重要な複雑系科学的な現象が多々あることをはっきりと認識し、時代にはるかに先駆けてそれらの科学的な理解に傾注していたということができる。

そこで、本稿では寅彦の科学的先見性を現代の視点でより詳しく眺めてみようと思う。

## 寅彦の科学の特徴（一）――統計的な取り扱い

寅彦が取り上げた金米糖の角のでき方や稲妻の枝分かれなどの現象は決定論的ではなく、偶然的、確率論的である。彼はこのような質的な現象の研究には統計的な取り扱いが有力であることをはっきりと認識していた。このことは彼の随筆「量的と質的と統計的と」（昭和六（一九三一）年十月『科学』）

に詳しい。何かわからないコトやモノがあると、それをさらに細かく分解して調べるという、西欧近代科学に特徴的な要素還元主義の視点では単に複雑なだけと思われがちな現象にも、統計的な手法を適用すれば本質に迫ることができることを彼は直観していたのである。

しかし、寅彦がこの観点で活躍したのは百年近くも前の一九一五〜三五年頃のことであり、現代のように膨大なデータを気軽に分析できるパソコンなどが一切なかった時代である。あふれんばかりの好奇心と熱意で中谷宇吉郎などの弟子たちとともにいろいろと興味深い現象の実験データを沢山取ったとしても、データの統計的解析には困難を極めたであろう。

さらに、寅彦の偶然的、確率論的な考察は自然現象だけに留まることなく、社会現象にも及ぶ。たとえば、寅彦が当時の路面電車の混雑という偶然的、社会的な現象について、統計的手法で興味深い結論を導いたことは次節で議論する。

また、彼の随筆「藤の実」（昭和八（一九三三）年二月『鐵塔』）では、晩秋のある日に自宅の庭の藤の実があたかも申し合わせたかのように次々にはじけるのを観察し、この自然現象は偶然なのか必然なのかと問いかける。さらに、家庭の不幸や交通事故などの社会的事象が立て続けに続く例を挙げて、一概に偶然と片付けられない何かがあるのではないかと疑問を投げかけ、とても興味深く議論している。この随筆に関しては、本書と同シリーズの『寺田寅彦「藤の実」を読む』に多角的にかつ深く考察されているので、参照されたい。

生き物の場合でも、その個体を問題にする場合には従来の物理学は力不足かもしれないが、集団的振舞いに対しては統計的な手法が力を発揮し、規則性が見出される可能性が高い。例としては電車の切符売り場の人の往来、銀座通りの歩行者など興味深い話題はいくつも考えられる。このことを寅彦は随筆「物質群として見た動物群」（昭和八（一九三三）年四月『理学界』）に生き生きと記している。

## 寅彦の科学の特徴（二）——一様状態の不安定化

寅彦の「複雑系科学」の際立った特徴の一つは、不安定な現象に注目していたという点であろう。この場合の研究手法としては、ほとんど必然的に統計的な取り扱いになる。実際、上に挙げたほとんど全ての例について、彼は統計的な分析を行っている。

具体例として、私たちが現在でも日常的に経験する厄介な現象である「混雑」を取り上げてみよう。バス停でいらいらしながらずっと待っていると、同じ行先のバス2台が立て続けに来たなどということは誰もが経験しているであろう。寅彦はこのようなありふれた現象を科学者の眼で考察したのである。彼の時代に東京の市中を走っていた路面電車について、彼は自分で観察しデータをとって統計的な分析を行った。その結果を「電車の混雑について」（大正十一（一九二二）年九月『思想』）に記している。

停車駅などでたまたま乗降客が多くて乗降に手間取ったりすると、その電車や前後の電車のその後の運行にどのような影響が出るだろうか。ある電車が少し遅れると、前の電車との間隔が予定より開き、次の停車駅での乗客の待ち時間が長くなる。そのためにその停車駅での乗客数が増え、少し遅れて到着した電車への乗降に余分の時間がかかって、この電車は一層遅れる。そのために次の停車駅では待っている乗客数が一層増えてこの電車はさらに混雑して遅れる。つまり、初めの遅れの原因が何にせよ、たまたま遅れた電車は必然的に混雑することになる。

そして、遅れて混雑した電車の後に来る電車では、前の電車との間隔が短くなって乗客数が減る。そのために客の乗降時間が減り、予定より早く運行するようになる。もしくは、スムーズに行き過ぎて次に来る電車との間隔が増せば、次の電車の混雑を増して遅らせる原因になる。このように、初め電車群が予定通りの間隔で定常的に運行していたとしても、どれか1台でも遅れたり早まったりすると、そのうちに電車の一様な運行状態は不安定になり、遅れ気味の電車群と早目に運行する空席の多い電車群が現れる。

寅彦は以上のことを自分の観察を基にして統計的に分析した。今日、乗降客の多いＪＲ山手線などで電車間隔を時間調整するようになっているのは、このような混雑をなるべく避けるためである。一方、バスなどでは運行管理が簡単ではないので、今でも同様の現象がよく見られる。

そのほか、デパートで買い物をする際に何台も並んだエレベーターを待っていると、それらが適当な間隔をおいてばらばらに動いていてほしいにも関わらず、なぜかどれも一緒に固まって上下していることがよくある。この現象も前述の電車の場合とほぼ同様に説明できる。このことを寅彦は随筆「エレベーター」(「蒸発皿」所収、昭和八(一九三三)年六月『中央公論』)にとても興味深く記している。

以上のことは、複雑系科学の言葉では「一様状態の不安定化」とまとめることができる。このようにみると、高速道路の渋滞も同じように理解できることがわかるであろう。人々の歩行や混雑、高速道路の渋滞については、一九九〇年代に入って欧米の研究者が盛んに研究するようになった。そしてご多分に漏れず、その後、日本でもより詳しく研究されるようになった。残念ながら、欧米の研究論文は数多く引用されても、数十年も前に実際に観察し記録したデータを分析した上で、考察を全く独自に行った寅彦のことに触れられることは少ない。

## 寅彦の科学の特徴（三）――一様界面の不安定化：金米糖を例にして

金米糖は金平糖とも記され、口絵写真に見られるような角《つの》をもつかわいらしい砂糖菓子である。なぜこのような特徴的な角ができるのであろうか。それを考えてみよう。

ここでは簡単のために、水に溶けた砂糖が結晶化して氷砂糖ができる場合を考えてみる。氷砂糖が成長する理由は、溶けた砂糖の濃度が高すぎる過飽和状態になると、溶けたままではいられないからである。これは、砂糖が水によく溶けるといっても、これ以上は溶けない限界である飽和状態があることから分かるであろう。砂糖は溶かす水の温度が高いと溶けやすいので、お湯に砂糖を目いっぱい溶かし、ゆっくりと温度を下げれば過飽和状態になり、氷砂糖が成長する。

そこでいま、図1(a)のように、過飽和な砂糖水があって、その下で平らな面を持つ氷砂糖が成長しているとする。氷砂糖が成長しているわけだから、水に溶けた砂糖は遠くから流れて来なければならない。このような溶けた砂糖の流れを**拡散**という。氷砂糖の表面では水に溶けていた砂糖が氷砂糖という結晶に取り込まれるわけだから、氷砂糖の表面直上の水では砂糖がこれ以上溶けられない飽和状態にあることになる。そのため、成長している最中の氷砂糖の表面（**成長界面**という）の上では、遠くに行くに従って砂糖の濃度は飽和状態から過飽和になる。すなわち、図１(a)の破線の等濃度線で示されているように、溶けている砂糖の濃度は成長界面に平行に等濃度であり、上に行くにつれて砂糖の濃度は高くなる。図の矢印で示されているように、溶けているものは濃度の高いところから低いところに流れるので、氷砂糖は成長を続けるのである。

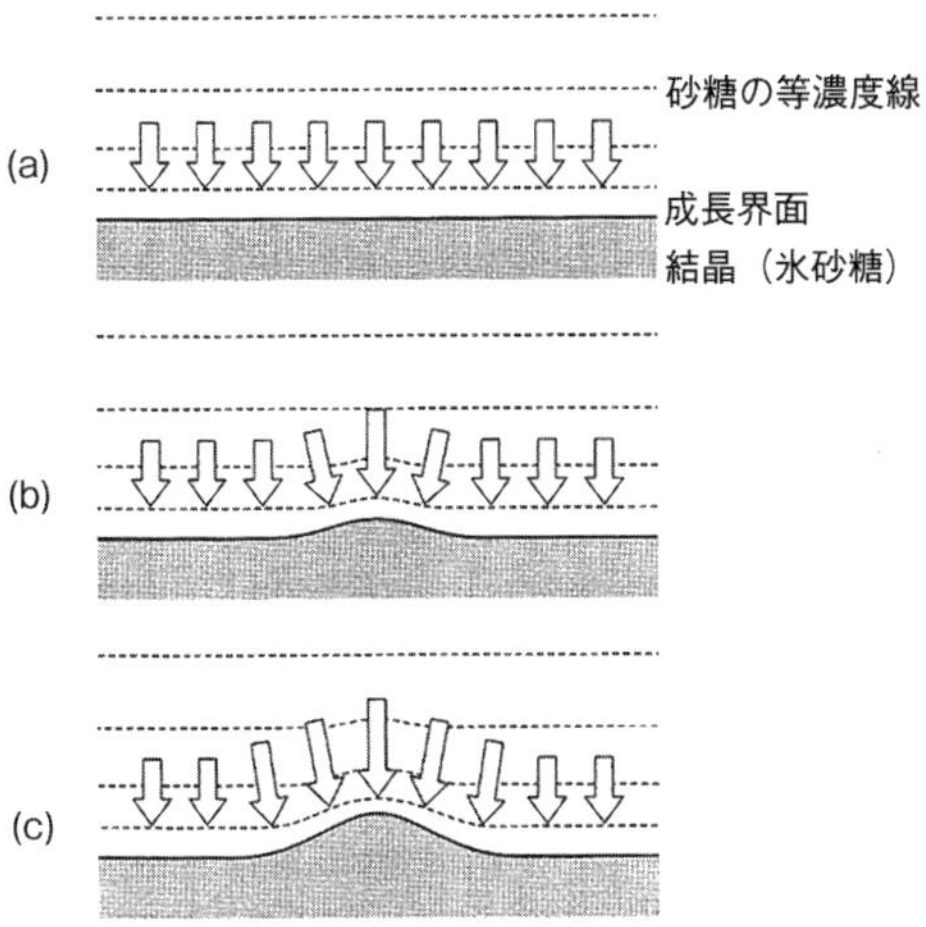


図１　成長界面の不安定化

ここで、図１(b)のように、たまたま平らな成長界面のどこかに凸の部分ができたとしよう。そうなる理由は何かの拍子に少し温度が変わったとか、局部的に光が当たったとか、揺れたとか、いくらも考えられ、科学の世界では**揺らぎ**という。逆に言うとこの世の中、揺らぎは絶対に避けられない。

この凸の先端部は周囲より外に突き出しているので、図1(b)を見てわかるように、その近くの砂糖濃度が周囲より幾分か高い。すると凸の先端部で砂糖が結晶になりやすく、そこは図1(c)のように一層成長するようになる。その様子を図では等濃度線の間隔が周りより短く密になって、溶けている砂糖の拡散流が周りより強くなることをより大きな矢印で示してある。こうして、氷砂糖の平らな成長界面では、ちょっとした揺らぎで凸部ができるとそれがさらに成長することになり、平らな成長界面は不安定だということになる。これだけだと氷砂糖の成長界面はすぐにめちゃくちゃの凸凹になってしまうが、現実にはそうはならない。なぜであろうか。

ものの表面は突っ張る傾向があり、この突っ張りの力を**界面張力**とか**表面張力**という。界面張力は界面の面積をなるべく小さくしようとする力で、たとえば雨粒は水の表面張力によってその表面が突っ張っているので、その表面積をなるべく小さくしようとして丸くなるのである。同じ理由で、コップの中の水面は（縁は別として）平らになる。したがって、現実の成長界面が安定か不安定かは、界面張力による安定性と成長界面の不安定性のどちらが強いかで決まり、もし界面張力が強いと成長界面といえどもその界面は平らで安定だということになるのである。平らな面を持つ氷砂糖はこのようにしてできる。

ところで、一般に凹凸が鋭いほど、界面の突っ張りが強く界面張力は大きい。それで、金米糖ができ始めたとしても、まだ小さい間は界面張力が優勢であるが、金米糖がだんだん大きくなるにつれて、界面張力も小さくなる。こうして、上述の成長界面不安定性が界面張力より優勢になって界面が不安定化し、角《つの》が成長するようになるのである。

金米糖製造の老舗「エビス堂製菓」がそのホームページ（www.ebisudo-seika.co.jp）に、ザラメ（ごく細かい氷砂糖）を種にした2週間にわたる金米糖の製造方法を、成長しつつある金米糖のほぼ1日ごとの写真とともに紹介している。それによると、初めの2日間はザラメから平らな界面を持つ小さな氷砂糖が成長し、それが少し大きくなってから角のもとになるこぶができてくる様子がはっきり認められる。これは上述の界面成長不安定化の現れであり、このシナリオが金米糖の場合にも当てはまることがわかる。

寅彦が、金米糖の角はなぜできるのだろうかという子供でも考えそうな素朴な疑問を持ち、定性的にせよこれまでに述べてきたように理解していたことは、彼の随筆「金米糖」（「備忘録」（昭和二（一九二七）年九月『思想』）所収）で明らかである。このことはまた、彼の愛弟子であった中谷宇吉郎が随筆「寅彦夏話」中の「線香花火と金米糖」（『中谷宇吉郎集』第一巻、岩波書店）の項の中で、寅彦が「何か僕はこんなことじゃないかと思うね。少し突起の出来た所は早く冷えるから先に固まるとするとそこへ余計に砂糖が附く、それで益々そこが突起する、したがって余計に冷えてまた固まるという具合にして角が伸びて来るんじゃないかという気がする。」と言ったと証言している。先の図1では、議論を簡単にするために水溶液中での砂糖の濃度勾配で角ができる機構を議論したのだが、寅彦は空気中の温度勾配で全く同じことが起こり得ることをはっきりと断言しているのである（付録の「金米糖　Konpeitō」参照）。現在と違って、揺らぎの物理や樹枝状結晶成長の物理など見向きもされていなかった時代に、寅彦が金米糖を例にして現象の本質に到達していたことは驚き以外の何物でもない。

ここで重要なことが二つある。第一に、寅彦は具体的に金米糖の角の成長を取り扱いながら、はるかに一般的な成長界面の不安定現象を論じていたことである。このことは同様の現象として「リヒテンベルクの放電図形」（平面上にできた稲妻模様）を取り上げ、これと金米糖の角が「一つの石によって落とさるべき二つの鳥」であると記していることからも明らかである。実際、このことは一九八〇年代に進展したフラクタルの物理学によって、金米糖の角の成長や雪の結晶などの樹枝状結晶成長と「リヒテンベルクの放電図形」などの放電現象とが、数理的には同じ成長機構を持つことが明らかになった。

第二に、金米糖の特徴的な角の出現に関して、成長方向に均等な可能性があれば球状に成長するはずだという考えの誤りを指摘していたことである。このことから、現代物理学でしばしば議論される成長界面の不安定化とそれに伴う「対称性の自発的な破れ」（対称性の高い単純な状態から対称性の低い複雑な状態への変化）を、寅彦がすでに把握していたことがわかる。このことは彼の前記の随筆「金米糖」の中だけでなく、随筆「自然界の縞模様」（昭和八（一九三三）年二月『科学』）や前記の随筆「物理学圏外の物理的現象」にも繰り返し強調されていることである。私たちは、このことが百年近くも前に、しかも日本人が言及していたことに、大いに誇りを持っていいのではないかと思う。寅彦は「好きなもの イチゴ 珈琲 花 美人 懐手して 宇宙見物」と詠みながら、数十年先の物理学の状況を見据えていたのかもしれない。

## 枝分かれパターンの形成

前節でみたように、平らな成長界面が不安定化して角ができたとして、その後はどうなるのであろうか。結晶成長の理論によると、角は図2(a)に示されているような放物線の外形をとって成長することが知られている。しかし、平らな成長界面が不安定だったのと同様に、この放物線形状が安定かどうかは別に調べなければならない。そこで、この放物線状の先端部が前と同様に何らかの揺らぎで少々変形するとしよう。起こりそうでもっとも簡単な変形は先端部が少し尖るか、少し頭打ちになることである。少し尖った場合には、界面張力が強くなってすぐに元に戻されるので、問題はない。

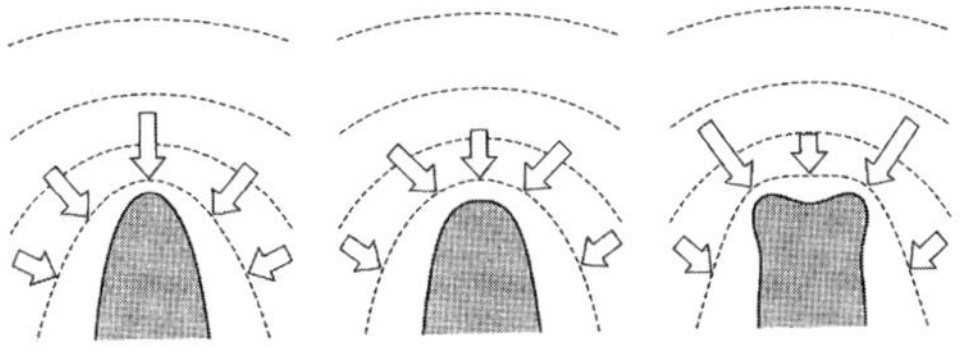

図2　成長先端の枝分かれ

ところが、図2(b)のように、少し頭打ちになった場合には、先端部は砂糖濃度の濃い部分から少し遠ざかり、等濃度線の間隔が広がり、溶けた砂糖の拡散流が少し弱くなって、成長が遅くなる。それに比べて先端部の両隣の部分では、その付近の等濃度線が先端部より密になり、そこへの砂糖の拡散流が増す。結果として、図2(c)のように、元の先端部への砂糖の拡散流は一層減少し、両隣への砂糖の拡散流は一層増加して、そこに二つの角が成長する

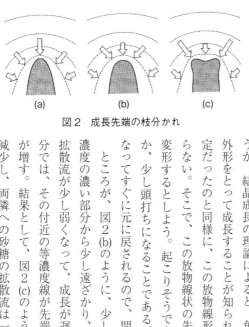

ことになる。

　これは、たとえほぼまっすぐに成長する枝があったとしても、何らかの揺らぎでその先端が少し頭打ちになると、先端の両隣に角ができ、二又に枝分かれすることを意味する。こうして枝分かれした角が成長すると、それぞれがいずれまた枝分かれし、結果として枝分かれが続くパターンが得られることになる。しかも揺らぎはどこにでも必ず存在するので、拡散流の中でのパターン形成の場合には、上に見た砂糖の場合に限らず、先端が二又に枝分かれを続ける成長が必然だという結論が導かれる。その上、前節で述べたように、これが放電現象と数理的には同等なので、雷発生の際に見られる稲妻の枝分かれもこれで説明できることになる。

## 線香花火

　ここで桜やケヤキの大木を思い浮かべてみると、太い幹から大枝が分かれ、それぞれの大枝から中枝が分かれ、さらにそれぞれの中枝から小枝が分かれ、……と枝分かれしている。これらは典型的な枝分かれパターンであって、その中から小枝を取り出して拡大してみると、中枝と区別がつかないことがわかる。このように、枝分かれなどの比較的簡単な作りがスケール（大きさ）を変えて入れ子構造的に繰り返されることによってできているパターンでは、そのパターンの一部を取り出して拡大してみても、元のパターンと区別がつかない。このようなパターンの性質を**自己相似性**といい、この性質を示すパターンを**フラクタル**という。

夏の風物詩の入道雲をつくる大きなモクモクの一部をよく見ると、それも同じ様子の小さなモクモクでできていることがわかるであろう。さらにその小さなモクモクの一部を見ても同様であり、入道雲はフラクタルである。同様に、カリフラワーのモクモク・パターンもフラクタルであり、八百屋さんの前を通る機会があったら、ぜひともまじまじと見ていただきたい。このように、自然界にはフラクタルがあふれている。

以上のような目で線香花火を見てみると、何がわかるであろうか。それを考えてみよう。花火大会で打ち上げられる花火は形・色・大きさ・時間変化を競う華々しいものである。家庭や仲間内で身近に楽しむ花火でも、おおむねそれらを模して規模を縮小したものということができる。そのなかで線香花火は花火としては最小のもので、色は橙の単色に近く、色彩的には華麗とはいえない。それなのに、この素朴で繊細な線香花火に心惹かれ、郷愁を感じるのはなぜであろうか。線香花火が日本で工夫され、発展してきた日本固有の花火だということだけではなかろう。

花火が持つ上記の四つの特性（形・色・大きさ・時間変化）から色と大きさを除くと、形と時間変化が残る。寅彦は、彼の随筆「線香花火」（『備忘録』（昭和二（一九二七）年九月『思想』）所収）で私たち日本人の心に訴える線香花火の素晴らしさがそこにあると指摘する。線香花火の大まかな時間変化は「蕾」、「牡丹」、「松葉」、「散り菊」と特徴的な四段階に分けられるという。最も目立つ「松葉」には前節で議論した枝分かれ構造がはっきり認められ、線香花火の魅力の一つがフラクタルからきていることがわかる。

線香花火の「松葉」がフラクタルで、パターンは比較的単純な繰り返しの構造でできているといっても、その繰り返しを生み出す機構が前節で議論した単純な二又の枝分かれによるものとは限らない。線香花火の口絵写真に見られるように、実際には幾重にも枝分かれしており、この場合の枝分かれの機構は前節で議論した場合より複雑であることを意味する。その機構が最近ようやく明らかになったことについては、本書の井上智博氏の章を参照されたい。

また、全体としての時間変化も決して一様ではない。現代科学の目で見ると、線香花火の魅力はまさしく、形がフラクタル的であり、時間変化がカオス的であるということができる。そこで簡単にカオスの特徴について触れておこう。

振り子の振れの運動は周期的・決定論的であり、ある時点の振れの状態がわかっているとその後どうなるかははっきりと予測できる。それとは対極的に、サイコロを次々に振った場合、1から6のどれかの目が出るのはわかっても、次にどの目が出るかは全くわからず、まさしく「出たら目」であって予測はできない。それでは日々の天気の変化はどうであろうか。最近では天気予報の精度が上がり、二三日後の天気は大体予測できる。しかし、一週間後の天気を正確に予報することは大変難しく、短期的な予測の精度が上がったとしても無理だと言われている。このように、ある時点の状態がわかっているときに、その後しばらくはどうなるか予測できても、次第にその予測が外れてきて、長期的には予測できなくなるような時間変化を**カオス**という。夏の高原で味わうことができる、あの気持ちの良いそよ風は時には強く吹くこともあり、その時間変化はカオス的である。線香花火の時間変化は決して振り子のような周期的でもないし、だからといってサイコロ投げのような全くのでたらめでもない。この意味で線香花火の時間変化はカオス的であるということができる。カオスやフラクタルが世界的に知られるようになったのは一九七〇年代になってからである。それよりはるか前に、線香花火特有の素朴な美しさに注目してその形の面白さ、時間変化の不思議さに科学のメスを入れようとしたところに、寅彦らしさが存分に発揮されているとみるべきであろう。

寅彦は多くの随筆で、日本人研究者が目の前に埋もれている独創的な研究テーマには目もくれず、西欧で流行している研究の二番煎じ、三番煎じに甘んじている傾向を強く批判している。それにしても、金米糖や線香花火などは日本人だけに通じるローカルな現象にすぎないと主張される向きがあるかもしれない。しかし、現時点ではどこかの国でしか知られていない現象であっても、その背後にある発現の原理は普遍的なものかもしれず、その科学的研究が独創的なものとして国際的に受け入れられることもあろう。そこからまた次の研究の糸口が生まれることも考えられる。寅彦の忌憚のない批判は、いまだに私たちの科学する心に鋭く迫る有効性を持つ。

## 寅彦の科学の特徴(四)——天災、人災についての考察

これまで、身近に見られる様々な現象に関する寺田寅彦の複雑系科学とそれに関連した随筆を概観

してきたが、彼の科学的考察についてもう一つ忘れてはならないことがある。日本は地震・津波や火山活動、台風などの天災の多い国であり、これらについての研究は典型的な複雑系科学のテーマである。科学者として地震や火山、気象などの研究にも携わっていた寅彦は、これらについても多くの随筆を残している。例えば、随筆「地震雑感」(大正十三(一九二四)年五月、『大正大震火災誌』)では、地震という自然現象を多角的に分析し、地震学の将来像を描く。その流れの中でウェーゲナーの大陸移動説も地震の発生機構の一つとして考慮すべきことをすでに指摘していたことは驚きである。長年にわたって日の目を見なかったこの大陸移動説は、現在の地球科学のパラダイムであるプレートテクトニクスの源流であり、それに注目したことに寅彦の科学的先見性が窺われる。また、自然現象は決定論的と確率論的の二つの見方で理解できるものであり、地震は後者に属するとして、「地震の予報」は確率的にしかできないことを指摘している。このことは、寅彦が地震研究を複雑系科学の一つと見ていたことを示す。

「天災は忘れた頃にやって来る」という警句は寅彦の言葉としてあまりにも有名であり、自然災害の多い日本ではこれほど的確な警句はない。このままの文言は寅彦の随筆には見当たらないが、それに最も近いことは随筆「天災と国防」(昭和九(一九三四)年十一月『経済往来』)に明確に記されている。国防というと、私たちはつい仮想敵国を想定した軍備のことを考えてしまう。しかし、寅彦はこの随筆の中で、「国防」が外からの何らかの脅威に対して国土と国民を守ることだとすれば、地震・津波や火山噴火、台風など自然災害の多い日本ではそれからの防災・減災が国防の重要課題であるはずだと主張する。

また、この随筆のなかで「文明が進むほど天災による損害の程度も累進する」ものだと主張している。文明の進歩で、却って天災がきっかけの人災が増幅されるというわけである。この指摘は、二〇一一年の三・一一東日本大震災直後に起きた福島第一原子力発電所の事故によってあまりにも悲劇的な形で的中してしまった。地震・津波や台風、火山噴火などの天災が忘れた頃にやって来ないようにするにはそれらのことを忘れないことであり、それに伴う人災を軽減するためには天災についての基本的な科学的知識を授ける教育が重要である。このことを、寅彦は「津波と人間」(昭和八(一九三三)年五月『鐵塔』)、「颱風雑俎」(昭和十(一九三五)年二月『思想』)などの随筆で強調している。

「何月何日に大地震が起こる」という噂が広がることがある。現在の科学ではそんな正確な地震の予言は不可能であるということが多くの人々に行き渡っていれば、このような噂は広がる前に立ち消えになるはずである。また、ちょっと冷静に考えるととても信じられないようなことが、噂として燎原の火のごとく広まることもある。今からちょうど百年前の一九二三(大正十二)年九月一日にあった関東大震災の直後のことであるが、あの混乱の中で東京中の井戸に毒薬が入れられたとか、主要な建物に爆弾が仕掛けられた、放火が横行しているなどという根も葉もない噂が一気に広がったのもその典型例であろう。残念ながら、そんなことを企んだとして、何の証拠もなく多くの朝鮮人などが虐殺されるという悲劇的な事件が起こってしまった。

これは明らかに大地震に伴って起きた人災である。あの大混乱の中で東京中のいろいろな施設に何かを仕掛けるというような大規模でかつ組織的な行動ができるわけがないことは、常識的に考えれば明らかなことである。このことについての苦々しい思いを寅彦は関東大震災前後の日記「震災日記より」（随筆集『橡の実』所収）にすぐに書き留め、その後、随筆「流言蜚語」（大正十三（一九二四）年九月『東京日日新聞』）の中で、彼の複雑系科学的な考察を基礎にして詳しく説得的に記している。また、ごく基本的な科学的知識に裏打ちされた、冷静で常識的な判断力の重要性を強調している。噂の広がりに関する寅彦の科学的考察は新型コロナ・ウィルスなどによる伝染病の伝播にも通じるものであり、ここにも寅彦の科学的先見性が垣間見られる。

火災は地震や台風などと違って、直接的な原因は多くの場合、人間の不注意から起こる。人里離れた森林の火災でも人の不注意による人災であることが多い。寅彦は随筆「函館の大火について」（昭和九（一九三四）年五月『中央公論』）や「火事教育」（昭和八（一九三三）年一月、随筆集『蒸発皿』所収）の中で、このような人災を軽減するためにも火災の基礎科学的研究と子供たち向けの教育が重要であることを記している。

## おわりに――寅彦は「複雑系科学の父」

寺田寅彦の前記の随筆「自然界の縞模様」には、氷柱《つらら》や鍾乳石の表面の周期的な皺や縦断面の波形の輪郭、風によって砂の表面にできる風紋や水の流れによる泥の表面の波形、振動する平板上で砂が作る周期パターンなども取り上げられている。これらはようやく一九九〇年代に入って世界的にホットになった複雑系科学の話題である。これだけを見ても、寅彦がいかに素晴らしい科学的先見性を持っていたかがわかるというものであり、これまでに紹介してきた彼の随筆の中にはいずれ複雑系科学の宝石となるような原石がまだいくつも埋もれているのではないかと思われる。

わからないことがあればどこまでも細かく分解し縦方向的に分析するという単純な方法論に基づく従来の物理学に対して、寺田寅彦は横方向のつながりの重要性に気づき、それを科学にすることを目指したと言うことができる。しかし、物理科学の世界ではそれはあまりにも早過ぎる試みだったのである。寅彦のこのような研究は幾分揶揄的に「寺田物理学」と呼ばれ、時には複雑な現象に注目しているというだけで批判的に見られてきた。単純な系が示す単純な現象を定量的に精度よく測定しようとする当時の科学者の目には、寅彦が目指す科学はあまりにも定性的に見え、前近代的とさえ思われたのかもしれない。

しかし、このような見方は一九七〇年代、寅彦の死後四十年近く経ってようやく無くなってきて現在に至る。非平衡開放系の熱統計物理学、カオス、フラクタル、より広く非線形科学が世界的に研究されるようになり、それらを基礎にあるいは道具にして、一見複雑に見える現象を研究する複雑系科学が注目されるようになったためである。結果としての現象が複雑だからといって、その原因も複雑だとは限らない。これこそがカオス、フラクタルが私たちに突き付けた最も重要な教訓であり、前述の「対称性の自発的破れ」も同様である。逆に言えば、一見複雑に見える現象も、その原因は単純かもしれないのである。これが現在の複雑系科学の出発点であったが、そのことにはっきりと気付いていた寅彦の死から、結果的に四十年もかかったことになる。

このように、寺田寅彦が生み出し、植え付けた複雑系科学の芽がようやく世界的に育ち始めているといっても過言ではない。これまでに見てきたように、彼は時代にはるかに先駆けていたので、「複雑系科学の父」と呼ばれるにふさわしいと筆者は思っている。それだけでなく、寅彦は稀有の名随筆家でもあり、自然科学と人文科学という二つの文化の融合を体現したということができる。そして、これまでに挙げたいくつかの随筆を初めとして、寅彦には時空を超えて世界に通じる名随筆がいくつもある。そのうちの代表的なものだけでも英訳することによって、諸外国への日本からの文化の発信を行うべきではないかと思う。

## 参考文献


『寺田寅彦全集』（岩波書店）全十七巻中、第一〜九巻が随筆。

『寺田寅彦随筆集』（小宮豊隆編、岩波書店、文庫全五巻）。

（本文に引用した随筆は、上記の全集にあるのはもちろんだが、ほとんどこの随筆集に含まれる。また、天災に関する寅彦の諸随筆は次の三書に入っている。）

『天災と国防　寺田寅彦』（講談社学術文庫）。

『天災と日本人　寺田寅彦随筆選』（山折哲雄編、角川ソフィア文庫）。

『地震雑感／津浪と人間　寺田寅彦随筆選集』（千葉俊二、細川光洋編、中公文庫）。

『寺田寅彦「藤の実」を読む』山田 功、松下 貢、工藤 洋、川島禎子著（窮理舎）。

『キリンの斑論争と寺田寅彦』松下 貢編（岩波科学ライブラリー二二〇）。

『英語で楽しむ寺田寅彦』トム・ガリー、松下 貢著（岩波科学ライブラリー二〇三）。

『名随筆で学ぶ英語表現』トム・ガリー、松下 貢著（岩波科学ライブラリー三〇四）。

『フラクタルの物理 (I)基礎編、(II)応用編』松下 貢著（裳華房）。

# 金米糖の研究をめぐって

早川美德

# 一、はじめに

「金米糖について研究して、論文を書きたいんです。」

もう二十年近くも昔となってしまった二〇〇四年、私が理学部に勤務していた当時、研究室に配属になった修士の学生（酒井勇君）と研究テーマの打ち合わせでこのように言われ、少なからず困惑したことを今でも覚えている。何でも酒井君は寺田寅彦の随筆を読んでいるうち、すっかり寺田物理学に心酔したようなのだ。

金米糖についての論考は寺田自身による「備忘録」の中に一節が割かれているほか[1]、寺田門下の福島浩が実験を交えた論文等を残しており[2][3]、科学的に興味ある対象であることは十分承知していたつもりではあった。ただ、夏休みの自由研究ならばともかく、物性理論の講座で修士号を得るには理論やデータに裏付けられた研究を行う必要があり、どのように指導したらよいものか、具体的な方針が浮かばなかった。

さらに遡ること二十年ほど、私がまだ学生だった頃は、拡散律速凝集（Diffusion-Limited Aggregation：ＤＬＡ）と呼ばれるモデルに関係した実験やシミュレーションを行っていた。ＤＬＡというのは、種となる粒子の周りに別の粒子が付着しながら大きな塊（クラスター）を形成するモデルで、揺らぎによって一旦出っ張りができると、その場所は更に成長する一方で、窪みができるとそこは埋まりにくいという、不安定性な状況となる。その結果、「角」というよりは、沢山の「棘」を持ったランダムな樹枝状のパターンが生成される（図１）。当時、戸田盛和氏や江沢洋氏が金米糖に角が生える機構とこのＤＬＡモデルの棘との類似性に注目した論考を残しており[4][5][6]、それらを読んだ記憶が蘇った。

これらの先生は、寺田がすでに指摘していた揺らぎ（フラクチュエーション）と不安定性の重要性を踏まえ、それを可視化するモデルとして、ＤＬＡに注目したのであった。なるほど、対称性の高い状態から自発的に角（棘）が生えるメカニズムの一端は捉えられている一方で、金米糖の角の本数や形状を説明するには不十分な点も多い。戸田氏はその著書の中で「金米糖の成長はＤＬＡと違って多体問題であるところが本質かもしれない」とも述べており[6]、それ以後も寺田寅彦から出されていた宿題の多くは未解決のままであった。

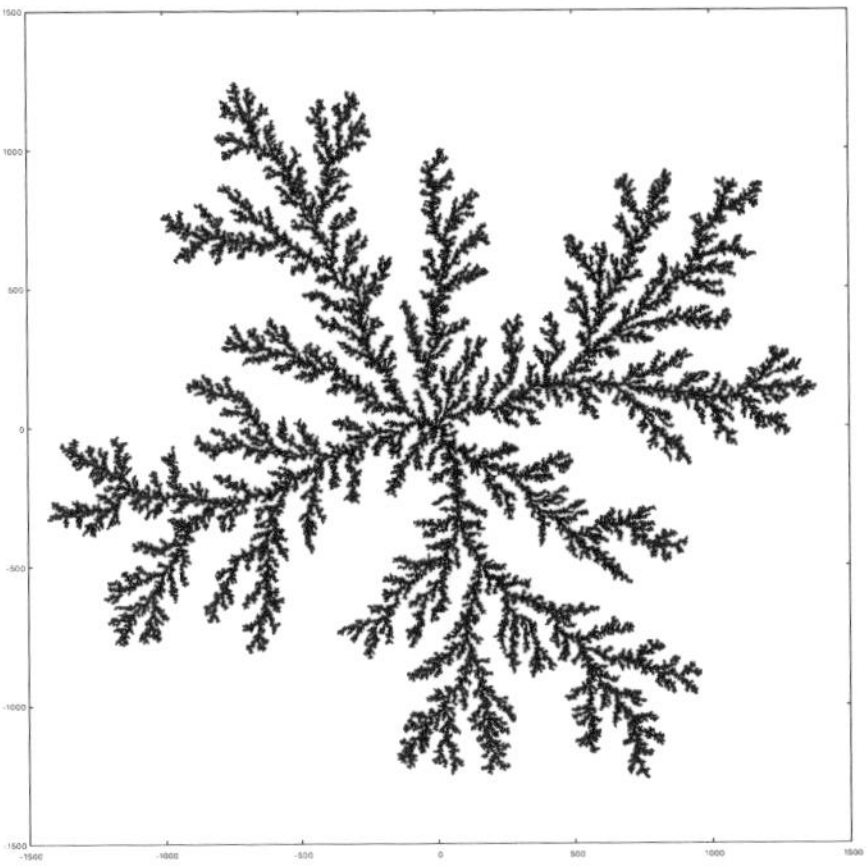

図１　拡散律速凝集モデル（Diffusion-Limited Aggregation ; DLA）によって生成されたパターン。中央においた１粒の粒から出発し、100万個の粒子を凝集させたコンピュータ・シミュレーションの結果。

そのような背景もあって、金米糖について話を切り出された際、ＤＬＡのような簡単なコンピュータモデルを考えるだけでは新しみに欠けるだろうと思いつつも、これと言ったアイデアも浮かばなかったのだ。

いずれにせよ、実際に金米糖が成長する様子を見ないまま、いきなり数理モデルや理論を考えるのも空疎に思われたので、資料を頼りに、まずは自分たちで金米糖を作ってみようということになった。また、何か「秘伝」のようなものがあるのかもしれないと思い、京都にある金米糖の老舗を酒井君に訪問（突撃）してもらったが、事前の根回しなど一切無しであったためか、工場の見学はさせてもらえず、金米糖のお土産だけをいただいて帰る結果となった。

金米糖の作成方法として一般に流布しているのは、寺田の随筆でも紹介されているとおり、南半球の分しか無い中空の地球儀のような形状の装置を用いる方法である（図2）。鉛直から少し角度を持たせた軸の周りをゆっくりと回転する大型の「中華鍋」を下方からガスバーナー等で加熱する。そこに、芥子の実やザラメ等の小ぶりの粒子を多数投入すると、鍋の回転につれて粒子は高い位置へと運ばれるが、斜度がだんだんときつくなるため、安息角を超えたあたりで雪崩を起こして、下方に滑り落ちる運動を繰り返す。その際に粒子は撹拌され、位置が入れ替わる。このままでは、粒体を炒るための装置に過ぎないが、上から粒子に糖蜜（高濃度のショ糖水溶液）を少しずつ掛け続け、表面が糖蜜を纏って濡れた状態を保っているうちに、加熱によって水分が蒸発し粒子の表面でショ糖が再結晶化する。そして、条件が整えば、馴染みのある角が生えてくる。

図２　一般に用いられている金米糖の作成装置の模式図。

金米糖の実験を始めようと思案する中で、従来型の配置を縦型洗濯機方式とすれば、ドラム型洗濯機のような形状でも粉粒体の撹拌は可能と考え、研究科の附属工場の技術スタッフの協力を得て、新しく装置を製作した（写真1）。ドラムの直径は24㎝、幅は12㎝で、金米糖工場で使われている大型の鍋に較べると随分と小ぶりである。そして、この装置を使って金米糖の育成に成功し、そこで得た実験データと共に約束通り金米糖についての論文を書き上げ、酒井君は無事、修士を修了したのだった[7][8][9]。

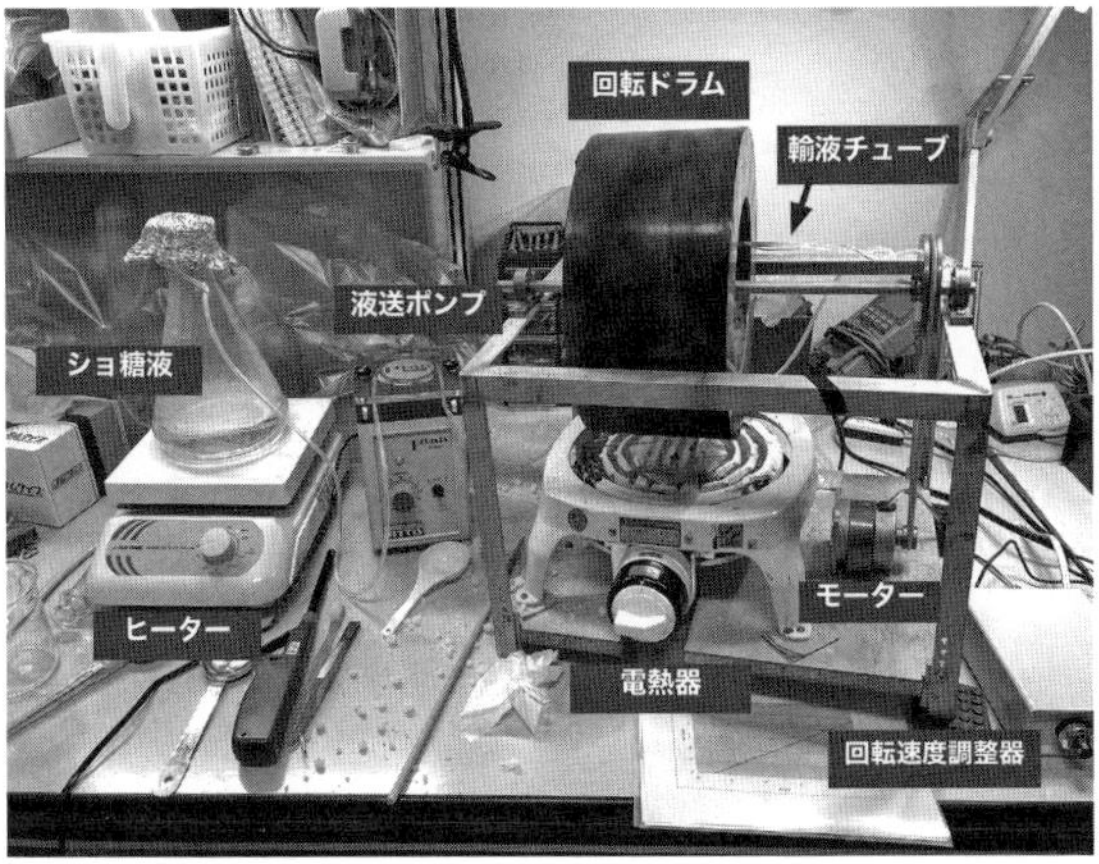

写真1　実験に用いたドラム式金米糖作成装置の全景。ドラムの直径は 24cm。（口絵参照）

## 二、金米糖を作ってみる

本書の執筆依頼を受けて、オフィスの片隅で永らく埃を被っていた実験装置を引っ張り出し、改めて成長の様子をよく観察してみることにした。すでに条件出しは済んでいるので、案外と簡単に小ぶりな角の生えた金米糖を得ることができた。

まず、初期粒子として、直径3㎜ほどのタピオカパール（デンプンを球状に固めた粒子）を１５００粒ほど銅製のドラムに入れておく。初期に投入した種粒子の数が、最終的に得られる金米糖の数となるわけだが、成長と共に全体のかさが増して、放っておくとドラムから溢れてしまうため、状況を見ながら、ときおり「間引き」を行うことになる。

次いで、モーターによって毎分3回程度で軸を回転させる。すると、粒子は円筒の斜面に沿って移動しながら雪崩を繰り返す。その際、粒子の混合を促進し偏析（場所毎に粒子径が不均一化すること）が生じにくくするため、回転軸は水平から5度から10度程度傾けておく。同時に、下方に1.2kW（キロワット）の電熱器を置き、ドラムを加熱する。放射温度計を使い、ドラム内部の試料粒子の表面が70〜80℃となるようサイリスタ（半導体を使った電力制御装置）を使って火加減を調整する。

写真２　ドラムの中で金米糖が成長している様子。シリコンチューブの先端から高濃度のショ糖水溶液を少量ずつ滴下している。（口絵参照）

試料が十分に温まった頃合いで、ショ糖液の滴下を始める。60重量％（溶液全体に占めるショ糖の重量の百分率）程度のかなり濃いショ糖水溶液をフラスコに用意しておき、蠕動式の液送ポンプを使ってシリコンゴムチューブで高温のドラムの中に導く。そして、毎分2〜3mℓ（ミリリットル）程度を、ちょうど粒子の上あたりに滴下する（写真2）。鍋肌に落としてしまうと、そこで再結晶化してしまうので注意が必要だ。用いるショ糖液は室温で飽和する程度の濃度で、温度にも依るが、水に比べて10倍以上の粘度となる。

滴下を始めた当初は、溶液の表面張力によって多数のタピオカ粒子が緩く凝集し、塊となりながらドラムの中で攪拌される様子が確認できる。また、表面張力で鍋肌に付着してしまう粒子もあるので、棒を使って引き剥がす操作を何度か繰り返す。結晶化が進んで粒子がある程度大きくなると、こうした凝集や付着は次第に止んでくる。

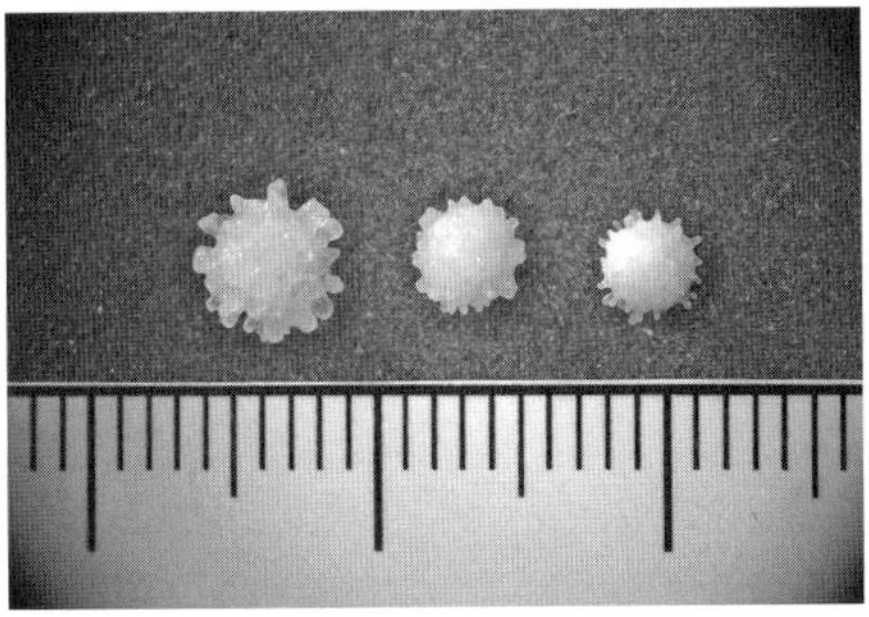

写真３　成長を始めてから比較的初期の金米糖。目盛りは 1mm。直径 3mm の球形粒子（タピオカパール）から出発すると、細かい「棘」が生え（右）、角が太りながら粒径も成長する（中央、左）。（口絵参照）

滴下を始めてから30分くらいすると、タピオカパールの表面にショ糖が析出しているのが確認できるようになる。そして、よく目を凝らすと、ごく小さく細い角が生え始めているのが分かる。その角は、我々が知る金米糖の角とは様子が異なり、顕微鏡で見ると太さが0.1㎜にも満たないような小さな棘が突き出しているような構造で、その本数も目視で数えるのが難しいくらいに多い。さらに時間が経過し、粒径が大きくなるに伴って、角も相対的に太くなり、角の本数は次第に減ってゆく（写真３）。角の平均間隔と粒径から推定すると、成長の初期には90本程度の角が生えているが、それが最終的には、20〜24本程度に落ち着いていく[7]。例えば、福島が計測した角の本数（20〜30程度）は、成長がかなり進んだ段階でのものではないかと考えられる[2]。

酒井君はこの装置を使い、ドラムの回転数、加熱の具合、ショ糖液の供給量などを変えながら試行錯誤した結果、角の形成には粒子の表面が全体的に濡れた状態となっていることが重要であること、粒子の攪拌が十分でないと粒径が不揃いになること、ドラムの回転数を上げると角が生じるタイミングが早まること、ショ糖液の濃度が低いと角の形がいびつになりやすいこと、等の経験則を見出した。

## 三、多体問題としての金米糖

ドラムの中で金米糖が成長する様子を眺めていると、不思議と退屈しないものだ。糖蜜がかけられると、表面張力によって、窪んだ箇所に糖蜜が保持されるが、雪崩が生じることで他の粒子と混じり合い、再分配される。ドラムの回転につれ、次の雪崩（攪拌）が起こるまでのあいだは、金米糖の粒子は、あたかも不出来な歯車のように凹凸がゆるく噛み合い、位置関係が保持されている。その間、窪みに溜まっていた糖蜜は、別の粒子の凸部へと転写されているように見える。一方で、凸部は水の蒸発がより促進されるので、再結晶化が起こりやすいはずである。糖蜜をインクと思えば、これは金米糖の粒子が互いに凹版印刷をし合っているような状況と見ることもできるだろう（図3）。

面白いことには、実験中にドラムの表面に目をやると、そこにも角が生えていることを見つけた

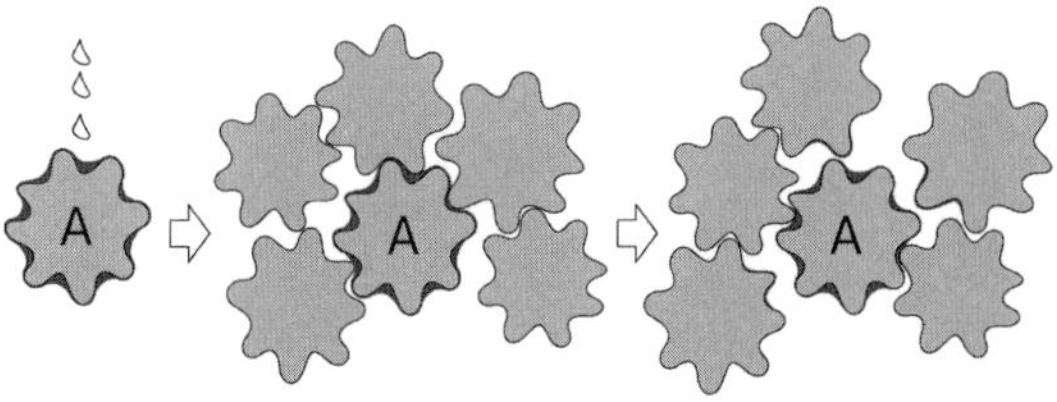


図３　糖蜜を纏った粒子（A）から、周囲の粒子に糖蜜が再配分される様子を概念的に描いた図。

写真４　成長の途中でドラムの壁面にできる凹凸の様子。凹凸の間隔と大きさは、成長中の金米糖のそれに近い。（口絵参照）

（写真４）。しかもその角の大きさや様子は、ドラムの中で成長中の金米糖のそれに酷似しており、金米糖が大きくなるに従って、鍋肌に現れる凹凸も大きくなる。すなわち、金米糖の角が、ドラムの表面に写し取られているように見えるのだ。このような状況も、凹版印刷の類推から合点がいく。すなわち、偶然鍋肌にショ糖液が付着・析出して生じた凸部に、金米糖の凹部がうまくはまり込むことで、液が供給されて再結晶化が促進される一方で、凹凸の間隔が整合しないと、その箇所での結晶化は生じにくい。

このように、金米糖の角の間隔（あるいは角の本数）は、周りの金米糖の角の間隔で決められるようである。さらに、溶液の受け渡しが効率的に進むためには、角の高さ（窪みの深さ）も互いに揃っている必要があるだろう。こうした状況は、戸田氏の指摘のとおり、それぞれが周囲の影響を受けつつ自らも周囲に影響を与えながら、全体として動的なバランスが取れた状況が自律的に達成されているような、多体系の問題と捉えることができる。

試みに、ドラムの中に、出来つつある金米糖粒子よりも明らかに大きな別の粒子（ビー玉等）をひとつ混入させる実験をしたことがある。すると、予想のとおり、その大きな粒子に、周囲の金米糖と同様の間隔と大きさの角が生え始めるのが確認されている[7]。

金米糖はショ糖の結晶であるから、結晶（成長）学と呼ばれる分野の対象のひとつには違いない。結晶の形は、平衡形と成長形に大きく大別される。平衡形の代表としては綺麗に整った鉱物の標本がすぐに想起されるし、成長形の代表は何と言っても美しい雪の結晶で、寺田門下の中谷宇吉郎の研究がよく知られている[10]。平衡形のショ糖の結晶は氷砂糖として目にすることができるが、大きな結晶を得るには数日程度の時間を要する。他方で、ショ糖水溶液を手早く加熱して短時間で再結晶化させると、上白糖やグラニュー糖のように多数の小さな結晶粒が得られる。結晶学的には、金米糖はこうした微結晶の集合（多結晶）と捉えることもできるが、これまで述べてきたように、角の生成を含む独特の形を議論するには、分子レベルではなく、もっとマクロな現象として捉える必要がある。

それを考える際に、重要な役割を果たしているのがショ糖液（糖蜜）の高い粘度であろう。粒子の表面に付着した糖蜜の層は、その高い粘性ゆえに緩慢にしか流動しない。それによって、攪拌されながらも一旦付着した付近に長く留まることができる。これは、印字が流れてしまわないよう、印刷用のインクに粘度の高い流体が使われるのと同様である。さらに、表面の糖蜜層は、その表面張力によって細かな凹凸を均し、なだらかで丸みを帯びた外形づくりに寄与する。

こうした流体効果と粒子の多体効果、さらに結晶成長とを閉じたかたちで定式化した研究は筆者の知る限りまだ無い。長年交流のある複雑系の研究者から「金米糖はソフトマター（高分子や生体膜等の「柔らかい」物質）の物理の総合演習問題ですね」と言われたことがある。これに限らず、例えば、寺田が行った墨流しの研究なども、現代的な視点からは、コロイド分散系（膠質系《こうしつ》）を対象とするソフトマター物理の先駆けと言えよう[11]。遠からず、寺田寅彦から出された金米糖という総合問題に現代的な手法を駆使しながら挑む研究者が現れることを願わずにはいられない。

## 参考文献


［1］寺田寅彦：『寺田寅彦随筆集（第二巻）』小宮豊隆編（岩波書店、一九四七年）。
［2］福島浩：『理化学研究所彙報』、七巻、一九三〇年、五七一頁。
［3］福島浩：『思想（寺田寅彦追悼号）』、岩波書店、一九三六年、一三一頁。本書付録を参照。
［4］『ランダム系の物理学』日本物理学会編（培風館、一九八一年）。
［5］江沢洋：『数学セミナー』、二五巻、日本評論社、一九八六年、三〇頁。
［6］戸田盛和：『おもちゃと金米糖』（岩波書店、二〇〇二年）。

[7] Isamu Sakai and Yoshinori Hayakawa : Shape Selection of Kompeitoh, *J. Phys. Soc. Jpn.* 75 (2006) 104802.
[8] 早川美徳・酒井勇：金平糖の成長過程とパターン選択、『固体物理』、四二巻五号（通巻四九五号）、アグネ技術センター、二〇〇七年、三〇五頁。
[9] 早川美徳：金平糖の形成ダイナミクス、『日本物理学会誌』、六四巻一〇号、二〇〇九年、七五三―七五七頁。
[10] 中谷宇吉郎：『中谷宇吉郎集』（岩波書店、二〇〇〇年）。
[11] 中谷宇吉郎：『寺田寅彦　わが師の追想』（講談社学術文庫、二〇一四年）。

# 線香花火の不思議と研究について

井上智博

# 寺田寅彦と線香花火

線香花火の研究と言えば、寺田寅彦の名前が挙がる。

今からおよそ百年前の一九二七年に書かれた二千字余りの短い随筆の中に、線香花火の可憐な現象に対する強い好奇心とともに、美しさを生む科学的な理由が解き明かされる未来に込めたメッセージが記されている。身の回りの事象を題材にした寅彦の数ある随筆の中でも、線香花火のテーマは特に人気が高いようだ。

この随筆は、線香花火が魅せる美しい火花模様と心地よいリズムをテンポよく紹介することから始まる。読者は自然といつかの夏の夜の思い出が喚び起こされ、懐かしさを覚える。何とも言えないあの匂いまで想起する読者も少なくないであろう。変化する火花の様子を「蕾」「牡丹」「松葉」「散菊」（口絵参照）と花に例えた表現は、今日でも使われている。

続いて、線香花火の現象が科学的にも興味深いことを主張している。昔の記憶の中にタイムスリップした読者は、なぜ火花が飛び出し枝分かれするのか、そう言えば子供の頃の自分も不思議に感じた経験を思い出し、寅彦の疑問に共感する。

次に読者が期待する話の展開は、当然ながら線香花火の原理の解説である。しかし、この期待は裏切られる。解説はない。そればかりか、真剣に現象に向き合う者がいなかったため、誰もが線香花火を知っているにもかかわらず、実は誰一人としてその原理を知らない事実に驚かされる。線香花火の科学に人一倍の面白さを感じていた寅彦は、「このおもしろく有益な問題が従来だれも手を着けずに放棄されて」きた当時の状況に寂しさを感じていたことが伺える。さらに「こういう自分自身も今日まで捨ててはおかなかったであろう」と、もっと若ければ自分で深く研究したかったと後悔している。

随筆の結びにはっとさせられる。「西洋の学者の掘り散らした跡へはるばる遅ればせに鉱石の欠けらを捜しに行くもいいが、われわれの足元に埋もれている宝をも忘れてはならないと思う。しかしそれを掘り出すには人から笑われ狂人扱いにされる事を覚悟するだけの勇気が入用である。」

これは、寅彦の哲学であり未来の科学者への伝言である。ただし、人から笑われることを覚悟しておくと精神衛生上良い、という優しいアドバイスではない。真意は、狂人扱いされるくらい真に独創的なテーマを探究してみよ、という寅彦からの挑戦状にも思える。

## 日本の花火

およそ千五百年前に、中国で火薬が発明された。不老不死の薬を調合する中で、火をつけると燃え続ける物質が出来たことから、火の薬、すなわち火薬が誕生した。もっとも古い火薬は黒色火薬であり、煤・硫黄・硝酸カリウムの三種を混ぜて作られる。文字通り黒い粉末である。火薬とは、それ自身に酸素を発生する酸化剤を含む。黒色火薬の酸化剤は硝酸カリウムである。

千年の時を経て戦国時代の日本に火縄銃が伝来した。同時に、鉄砲の球を撃ち出すために必要な黒色火薬も伝わった。森林と火山が豊富な日本では煤と硫黄を容易に入手できる。しかし、国内でほとんど天然に存在しない硝酸カリウムを大量に生産することは難しく、黒色火薬は製造が困難な高級品であった。

写真１　線香花火（松葉）。（口絵参照）

江戸時代になると、戦がなくなったことで武器としての黒色火薬は無用となり、替わって観賞用に花火が作られるようになった。花火の輸入も行われていたようである。最初に花火を見た日本人は、徳川家康や伊達政宗とも言われる。当時の花火は黒色火薬を使っていたため燃焼温度が低く、打揚花火も今ほど明るくなかった。その後、明治時代になると、強力な酸化剤が導入されて火薬の燃焼温度が上昇し、炎色反応によって金属化合物が鮮やかに発色する花火が作られるようになった。

現代に至るまで、花火職人は新しい花火を生み出そうと、日々研究を重ねている。その結果、日本の花火職人のお家芸である、同心円状に多重の輪が咲く芯入りの打揚花火が開発された。最近では、鮮明な青色の火花が得られるようになったり、火花の軌跡とは直角の周方向に色が回転する高等技術が実現されている。花火競技大会の最高峰として知られる大曲の花火（秋田県）と土浦の花火（茨城県）では、進化を続ける最新の打揚花火に圧倒される。

線香花火（写真1）も江戸時代に生まれた。ただし、明確な記録としては残っていない。火薬は相変わらず高級品であったが、一本当たりわずか0.1グラムの黒色火薬しか使わない線香花火は、数量を作りやすかったことだろう。初期の線香花火は、黒色火薬を膠《にかわ》で練って藁の先端に付けた〝すぼ手〟と呼ばれるタイプで、火薬を上向きに火を点ける。線香を立てる香炉にすぼ手を差して楽しんだところから、線香花火の名がついたのであろう（図1）[1]。その後、黒色火薬を和紙で包んで下向きに燃やす〝長手〟が作られるようになった。すぼ手にも長手にも、金属粉は一切使用しない。

図1　浮世絵に描かれた線香花火（すぼ手）。

現在、すぼ手は福岡の一社のみで（筒井時正玩具花火製造所：tsutsuitokimasa.jp/west-east）、長手は福岡や三河など数社で生産されている。希少な国産の線香花火は出来が良く、花火セットに含まれる外国産の線香花火と比べて持続時間が二倍以上も長い。線香花火は素材に黒色火薬と和紙のみを使う最も単純な構造の花火であるものの、撚《よ》りには極めて高度な熟練が求められる。実際に筆者も福岡の線香花火職人を最初に尋ねたとき、職人と同じ火薬と和紙を使ったにもかかわらず、点火後に火花が出ることなく、くすぶって終えた。

## 線香花火の研究史

実は、寺田寅彦は線香花火の学術論文を執筆していない。線香花火に関する国内初の論文は、門下生の一人であり、雪の結晶の研究で有名な中谷宇吉郎（一九〇〇～一九六二）と関口譲によって、寅彦の随筆と同じ一九二七年に書かれた。論文の最後に寺田先生への謝意が明記されている。当時、寅彦は「もし西洋の物理学者の間にわれわれの線香花火というものが普通に知られていたら、おそらくとうの昔にだれか一人や二人はこれを研究したものがあったろうと」考えていた。実際には、宇吉郎の論文が出る半世紀も前にヨーロッパで線香花火の研究が始まっていた。

一九世紀後半のヨーロッパは、ファラデー（Michael Faraday, 1791～1867）が *The Chemical History of a Candle*（ロウソクの科学）のクリスマス講演を行っていた頃である。当時、線香花火は Japanese Match という名前で知られていた。一八六四年に、有機化学者のホフマン（August Wilhelm von Hofmann, 1818～1892）が、*Chemical News*（Dec.24, 1864）に線香花火を紹介している[2]。そこには、材料に金属粉を含まないことを突き止めた上で、線香花火を再現することに成功したという記述がある。しかし、なぜ美しい火花が出るのか説明するには至らなかった。ちなみに *Chemical News* を創刊した、ホフマンの門下生であるクルックス（William Crookes, 1832～1919）は、一八六一年にファラデーの講演をまとめた『ロウソクの科学』を発刊したことでも知られる。

翌一八六五年には、クラーク（R. Trevor Clarke）もまた線香花火を自作し、「非常に面白く、科学的に分析するに値する」と述べている（*Chemical News*, Jan.14, 1865）[3]。その後、フランス人のデニス（Amédée Denisse, 1827～1905）は、花火の本"Feux D'Artifice"（1882）の第九章に、精緻な描写とともに、「いかなる作用によって線香花火の驚くべき現象が引き起こされるのだろうか?」と書いている（図2）[4]。このように、一九世紀のヨーロッパでは化学的な分析が進められていた。しかし現在、海外で線香花火を知る人はほとんどいない。

図２　線香花火（長手）が実に写実的に描かれている。Feux Japonais は日本の火、の意味。

寅彦の教えを受けた中谷宇吉郎らは、優れた実験技術と鋭い観察眼によって、現象の本質に迫った。例えば、線香花火を窒素雰囲気中に入れると直ちに失火することから、線香花火には外部から酸素の供給が不可欠であると指摘した。つまり、火球になるともはや火薬ではないことを明らかにしている（理化学研究所彙報、一九二七）[5]。

三〇年の後、花火界の偉人として知られる清水武夫も研究を行い、黒色火薬の反応生成物であるカリウム化合物が火花の分岐に重要な役割を果たす可能性を示した（工業火薬協会誌、一九五七）[6]。同時期に、都立新宿高校の定時制物理部に所属する優秀な生徒たちが、顧問の前田明の指導の下で多角的な分析を行っている（一九六二）[7]。なかでも火球には黒色火薬の酸化剤である硝酸カリウムは残っておらず、硫化カリウム、炭酸カリウム、硫酸カリウムと炭素によって火球が構成されることを実証した点が重要である。火球は火薬ではないことを化学的に証明した成果は、宇吉郎の指摘と整合する。

今世紀に入ると高速度カメラが普及し、二〇〇九年にはNHKが線香花火のスローモーション映像を放送した。おそらく毎秒数千コマで撮影したと思われる映像によって、火花がぱちぱちと弾ける様子が捉えられている。

二〇一二年八月十三日、夏の暑い日に、ふと思い立った筆者は線香花火を買いに行き、高速度カメラを使って撮影した。すると、紙縒《こよ》りの先にできた火球が膨張して破裂し、火花が液滴として射出される予想外の現象が起きていることに驚いた（写真2）。これはとても面白い、と興奮したことを鮮明に覚えている。名前の通り花火は火の現象と思い込んでいたが、そこで見たのはまさに〝液滴のダイナミクス〟であった。すぐに線香花火の科学について文献を調査したところ、そもそも火花が飛び出す仕組みすら明らかになっていないことを知り、再び驚いた。恥ずかしながら、このとき初めて、

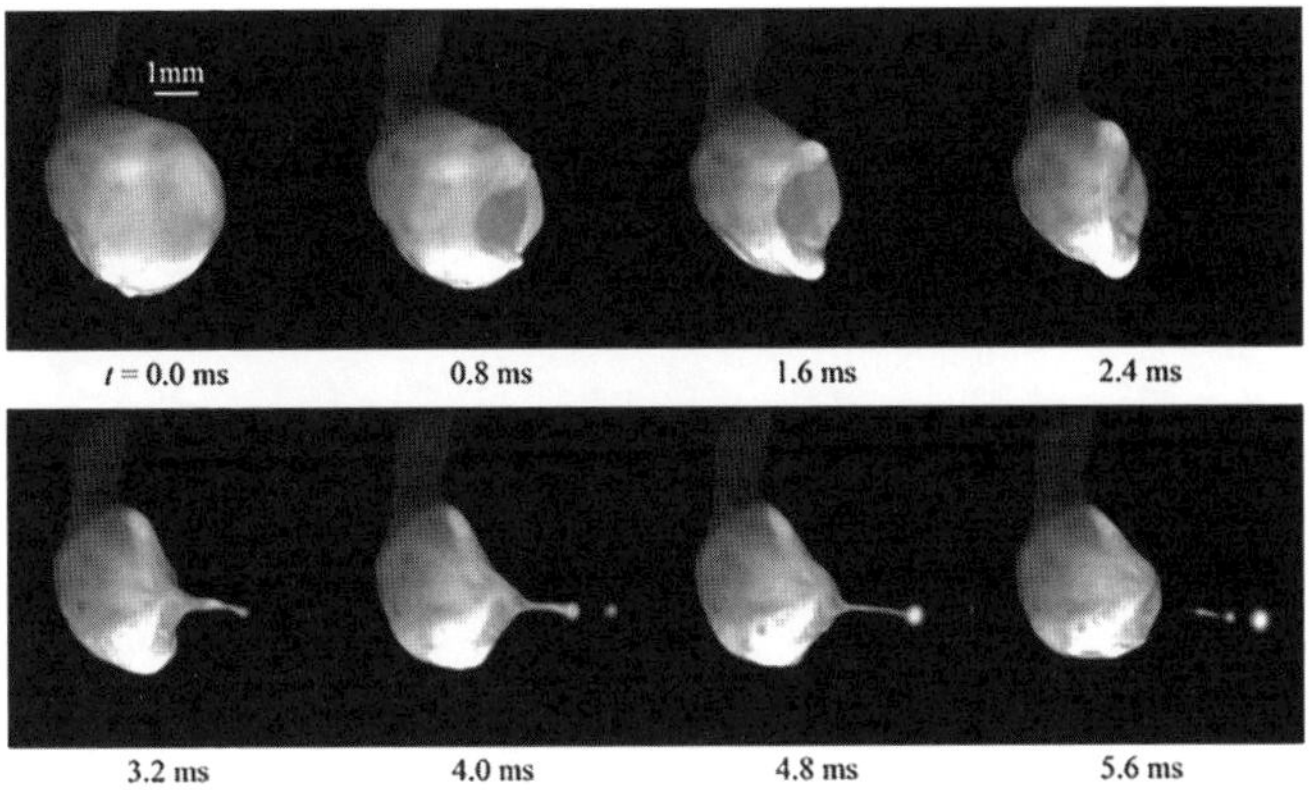


写真２　火球から飛び出す火花。（口絵参照）

かつて寺田寅彦が線香花火に興味を持っていたことを知った。筆者は液滴に関する研究を行っていたこともあり、線香花火の謎を解き明かせるかもしれないと考え、夏休みの自由研究に着手した。

その五年後に、花火の科学史をテーマにしたオーストラリアのスターマン（Barry Sturman）博士の学位論文が提出された（Monash Univ., 2017）[8]。（以下に一部抜粋して翻訳）「一八八二年にデニスが記した線香花火の謎が明かされることはなかった。しかし、ついに二〇一七年、線香花火の高速度可視化・二色温度計測・流体解析・熱分析・統計分析を駆使した論文が著名な科学雑誌に掲載され、長年の謎が解き明かされた[9]。この研究成果は同時に、線香花火の現象が一九世紀の科学水準を遥かに凌駕することを明白にし、ホフマンを初めとする科学者たちが真理に到達し得なかった過去の歴史に十分な理由を与えた。」

二〇一七年以降、筆者らは積み残したいくつかの課題に取り組んだ。例えば、火花が咲く環境条件[10]や、立体的な火花構造[11]を明らかにするなど、散発的に楽しんでいる。

## 線香花火の不思議

線香花火の主な不思議は、一．火花が出る仕組み、二．火花が枝分かれする仕組み、三．儚い色味の仕組み、の三点であろう。これらを順に解説したい。もちろん他にも、蕾・牡丹・松葉・散菊と呼ばれるように、火球や火花の表情が四段階に変化する理由や、紙縒りを真下に持つ場合と斜めに持つ場合とで持続時間が変化するかどうか、色を変えることができるのか、など色々な疑問が浮かぶ。

### 一．火花が出る仕組み

打揚花火で見える火花の一本一本は、元をたどると打揚玉の中に入れられた直径1センチほどの〝星〟と呼ばれる火薬の球である。つまり、打揚花火では、全ての火花の種が最初から仕込まれている。他方、線香花火には火花の種がこれといって存在しない。紙縒りの先にできるのは橙色の火球ひとつである。

線香花火の火花は、火球の一部が千切れて飛び出している。この火花の正体は、温度が約1000℃で直径が約0.1ミリの液滴である。火球と火花の主な成分は数種類のカリウム化合物（硫化カリウム、炭酸カリウム、硫酸カリウム）と炭素であって火薬ではない。

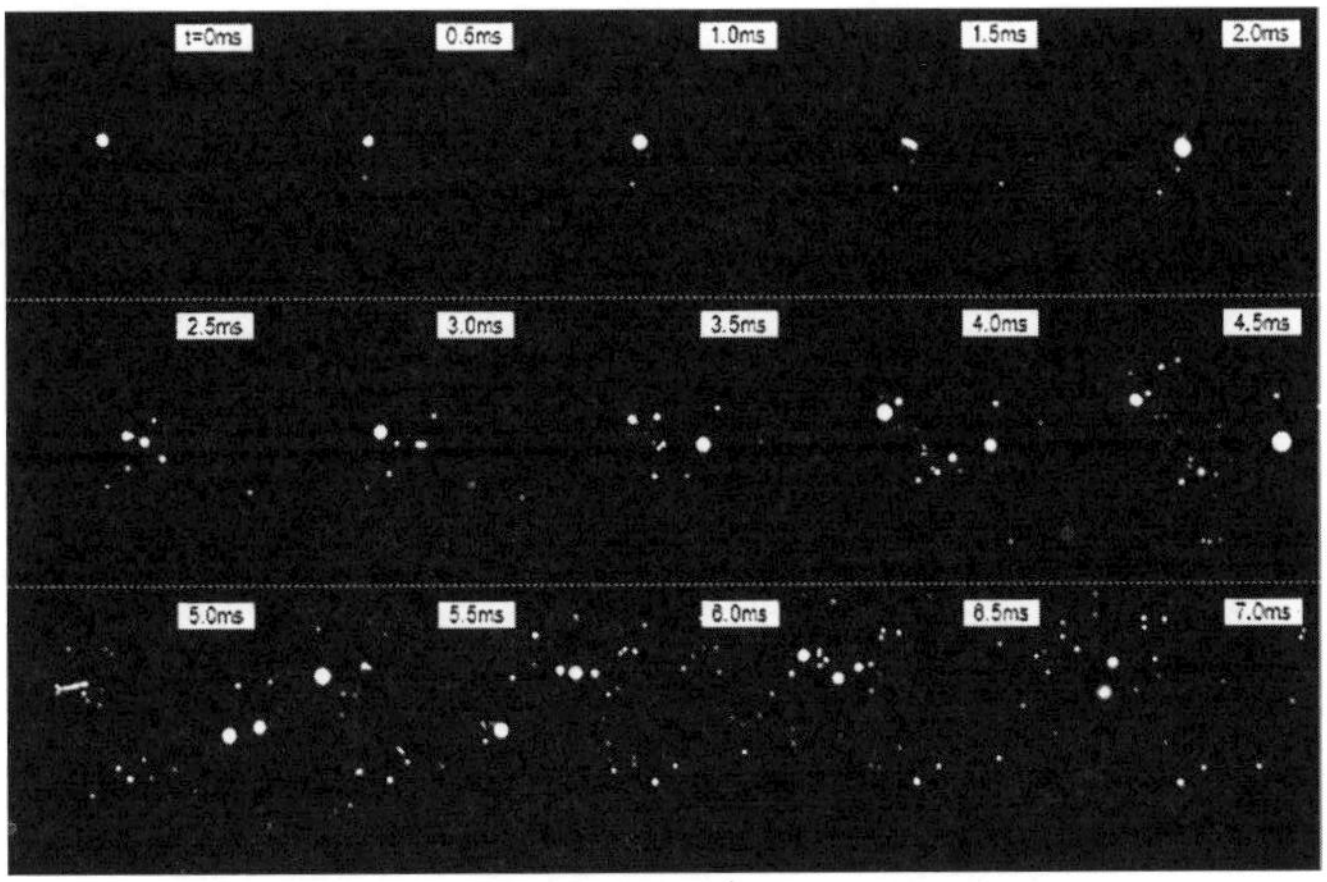


写真３　何度も破裂する火花。（口絵参照）

では、火球から火花がどのように飛び出すのか。火球では継続的に泡（アワ）が発生し、泡が弾けると、表面張力の作用で液滴が飛び出す。この現象は、シャンパンの水面に上昇してきた泡がシュワシュワと弾けて小さな液滴を跳ね上げるのとまったく同じである。線香花火の前半では、火球が一個の大きな泡として振る舞い、間欠的に弾けて大きな液滴が飛び出し、遠くまで到達する（写真2）。後半になると、泡の数が増えて小さな液滴が火球を囲むように飛び出す。

## 二．火花が枝分かれする仕組み

暗闇の中で明るく小さな液滴が秒速1メートルで飛び出すと、人間の目には液滴の軌跡が点ではなく、残像として線に映る。数十ミリ秒ののち、突然、液滴が破裂したかと思えば、何度も破裂を繰り返す（写真3）。これが〝火花の枝分かれ〟である。

実は、固体・液体を問わず、物体が何度も分裂し続ける現象は極めて珍しい。例えば、お気に入りのコップを床に落としてしまい、たくさんの破片に砕けてがっかりした経験が一度はあるだろう。気を取り直して、逆再生したスロー映像を見ると、一個一個の破片は一回しか割れていないことに気づく。毎日使うシャワーも、風呂場の床では無数の水滴になっている。一粒一粒の水滴も、シャワーの出口から床に至るまでに一回しか分裂しない。対して火球を飛び出した線香花火の液滴は、およそ十回も自発的に分裂を繰り返す。筆者らはこの特異な現象に、連鎖分裂（successive fragmentation）と名付けた。

では、なぜ連鎖分裂を起こすのか。火花に含まれる炭酸カリウムは、温度が高くなると分解して気体を発生する性質がある（蒸発ではない）。その結果、液滴の表面で炭素が周囲の酸素と結合して（$C+O_2$）発生した熱が伝わることで、液滴の内部に泡が生成する。次第に泡が成長し、やがて表面に達するまで大きく膨張すると、液滴が破裂して数個の子液滴に分裂する。そして子液滴、さらには孫液滴でも同じことが起きる。液滴表面からの熱の供給が続く限り泡が誕生して液滴の破裂を駆動する。なお、液滴の成分は蒸気圧が非常に低く（沸点が高く）高温でも蒸発しないため、分裂によってのみサイズが小さくなる点も特徴のひとつである。

火花の発生も枝分かれも、共通して泡の破裂が重要なことが分かった。と言う事は、スケールを小さくしながら同じ現象が起きている。詳しく調べてみると、この階層構造を支配する現象は、液滴内部の熱伝導であることが分かった。つまり、〝液滴が温まって弾ける〟を繰り返すことで、あの松葉模様が形成されている。

線香花火には極めて複雑な物理的・化学的要素が混在していて、そのすべてを明らかにすることはほぼ不可能であろう。しかし、すべての要素を理解できなくても、仮説を数式で表現し、それを実験で実証することで、現象の本質を射抜くことはできる。

## 三．儚い色味の仕組み

写真４　打揚花火（新潟県小千谷市片貝まつり）。（口絵参照）

最後に、線香花火の独特な儚い色味を生む意外な仕組みを説明しよう。そもそも線香花火の発光原理は、黒体輻射（熱放射）である。黒体輻射とは、製鉄所で作られたばかりの高温の金属板が眩しく輝くように、物体が持つ熱エネルギーの一部が光として放射される現象を指す。黒体輻射には全ての波長の色が含まれる。そして、黒体輻射の色味は温度のみで決まり、高温では青白く、低温では赤っぽくなる。約１０００℃の線香花火は橙色に発色し、また、火花は百分の一秒程度ですっと消えるため、儚さを感じさせる。他方、赤や青など色鮮やかな打揚花火（写真４）は、炎色反応によって生み出される。炎色反応は、特定の色（波長）の光が発色するのが特徴である。

ではなぜ、線香花火の温度は1000℃なのか。仮に、液滴表面で起こる$C+O_2$による発熱と、周囲の空気による冷却のバランスによって温度が決まるのであれば、直径0.1ミリの液滴はもっと高温になるはずだ。実際には、液滴に含まれるカリウム化合物の一つ、硫酸カリウムが固体の微粒子として存在しており、発熱がその融解（固体から液体への相変化）に消費される。身近な例として、大気圧下の氷は0℃で溶けることを皆知っている。鍋に氷を入れて強火で加熱しても、氷が完全に溶けきるまで鍋の中の温度は0℃に保たれる。同じように線香花火でも、硫酸カリウムの融点1069℃を超えることができない。

浮世絵に描かれた線香花火も、寺田寅彦が観察した松葉模様も、SNSに投稿された〝映え〟写真も、その色は〝燃える〟色ではない。〝溶ける〟色である。

## さいごに

線香花火の現象は明らかになってきたものの、例えば、火花が最も遠くに飛び、長持ちする最適な火薬の原料や組成は未だに解明されていない。近い将来、人類が地球と重力環境の異なる星に暮らすようになったら、線香花火の配合をどのように変えるべきだろうか。他にも、空気中の酸素含有量が低下する標高の高い山で、線香花火を楽しめるのかどうか興味がある。筆者は、富士山頂では火花が咲くものの、エベレストでは難しいのではと予想している。検証実験を行った人には、ぜひ結果を教えて頂きたい。

そういえば以前、本稿で紹介した線香花火の研究に関するネット記事が掲載されたことがあった。大変ありがたいことに、「大学ひまだな。」「美しいと思うことに、理屈って必要?」といったコメントが記載されていた。確かに筆者も、線香花火の科学を解き明かすには〝ひま〟であることが必要条件であることに強く同意する。そして、線香花火の理屈を知ったことで、絶妙なバランスが生むその美しさをより深く感じるようになった。

高知県にある寺田寅彦の墓を訪れた際、線香花火の科学の一端が明らかになったこと、そして「人から笑われ狂人扱いにされる事を覚悟するだけの勇気が入用である」という随筆の最後の一文に納得したことを報告した。

## 参考文献


[1] 西川祐信、絵本十寸鏡《えほんますかがみ》、一二頁(一七四八年)。
[2] August Wilhelm von Hofmann, *Chemical News*, Vol. 10, pp.305-306 (1864).
[3] R. Trevor Clarke, *Chemical News*, Vol. 11, p.24 (1865).
[4] Amédée Denisse, Feux D'artifice, P.381 (1882).
[5] 中谷宇吉郎、関口譲、「線香花火及び鐵の火花に就いて」、理化学研究所彙報、第六巻一二号、一〇八三

一二〇三頁（一九二七年）。

[6] 清水武夫、「線香花火に関する研究」、工業火薬協会誌、第一八巻五号、三五九—三六九頁（一九五七年）。

[7] 東京都立新宿高等学校定時制物理部、「日本古来の線香花火の研究」、第一部〜第三部（一九六二年）。

[8] Barry Thomas Sturman, "The Chemical Transformation of Fireworks in the 19th Century", Ph.D. Thesis submitted to Monash University (2017).

[9] Chihiro Inoue, Yu-ichiro Izato, Atsumi Miyake, and Emmanuel Villermaux, "Direct self-sustained fragmentation cascade of reactive droplets", *Physical Review Letters*, Vol. **118**, 074502 (2017).

[10] Chihiro Inoue, Ryo Nishiyama, Yasuhiro Fujisaki, Toshiaki Kitagawa, "Senko-hanabi under various ambient conditions", *Science and Technology of Energetic Materials*, Vol. **81**, No. 5, pp. 121–127 (2020).

[11] Gautier Verhille, Chihiro Inoue, and Emmanuel Villermaux, "Architecture of a self-fragmenting droplets cascade", *Physical Review E*, **104**, L053101 (2021).

※ 動画はYouTubeで「Gallery of Sparkling Fireworks 線香花火 美の物理」を検索するか、以下のサイトを参照。

https://www.youtube.com/playlist?list=PLcrGtGqvMHpwN_IXBEP6x0w0_QP6bjPv

# 寺田寅彦「備忘録」に見る未来への胚子

川島禎子

# 一、はじめに

本書のテーマ「線香花火」と「金米糖」は、寺田寅彦の随筆「備忘録」（昭和二年九月）中に収録されたものです。「備忘録」発表の前、寅彦が小宮豊隆にあてた書簡（昭和二年四月三〇日）には、「思想の「不易流行」非常に面白く拝見（略）非常に刺撃《〔ママ〕》されたので、此れを引用して「科学の底をぬく論」を思想へ執筆したい気がして来ました」[1]と書かれています。「底をぬく」とは、小宮の芭蕉論「不易流行説に就いて」（「思想」同年五月号）によれば、「昨日の我に飽」くことです[2]。この後「思想」に書かれたのが「備忘録」で、西洋科学の後追いではない独自な研究として「線香花火」「金米糖」が挙げられており、寅彦が自分の殻を破るためのものであったと言えます。

寅彦のもっとも有名な弟子である中谷宇吉郎に後年あてた書簡（昭和七年八月二〇日）を併せて見ると、よりこの研究の位置づけが明確になります。

> 昔から日本でやる「墨流し」と称する遊戯があります　水面に墨汁を拡げ波状の縞を作っておいて、それを紙面に移し取る方法であります。あれの物理が面白さうだと思つて二三日前から内ヶ崎君相手に始めました。此れは線香花火と、金米糖と丁度三幅対になるものだらうと考へて居ります。（傍線：川島、以下同）

寅彦は「物理学圏外の物理的現象」（昭和七年一月）の中で、墨流しに関係するブラウン運動を「新生面を打開するような対象」としていますが、それと「三幅対」となる「線香花火」「金米糖」もまた寅彦の科学の新展開に重要な研究であったことが窺えます。

のみならず、「線香花火」と「金米糖」の事象の偶然性や躍動的なイメージは「備忘録」で重要な役割を果たし、かつ同時代的に見ると師 夏目漱石や当時の哲学とも関わってきます。以下、文学的アプローチから「線香花火」「金米糖」も含めた「備忘録」全体について論じます。

## 二、「備忘録」の背景

「備忘録」は、雑誌「思想」に昭和二（一九二七）年九月一日に掲載され、のちに『続冬彦集』に収録されました。構成は以下となっています（便宜上、番号をつけて表記します）。

①仰臥漫録　②夏　③涼味　④向日葵　⑤線香花火　⑥金米糖
⑦風呂の流し　⑧調律師　⑨芥川龍之介君　⑩過去帳　⑪猫の死　⑫舞踊

執筆時期は昭和二年七月一七日頃から八月一一日の間で、最終章の「舞踊」が最後に書かれたであろうことが原稿中の日付から推測できます。寅彦は七月一七日に①「仰臥漫録」を書き上げた後、一八日から仙台へ向かい、一九日に小宮と松島に遊び、二〇日に当地の施設を見学、二一日に帰宅（その後二三日に②「夏」③「涼味」を脱稿）。この間のことは「スケッチブック」（全集一七巻参照）

に書き留められていますが、七月一九日に⑪「猫の死」に登場するチビに生き写しの子猫がいたことや、⑧「調律師」と関連のありそうな三絃調律の本をもらったことなど、この旅が「備忘録」に反映されていたことが見て取れます。

そして、「思想」掲載後の九月、寅彦は小宮に立て続けに三通書簡を送りました。初めに「思想の「備忘録」に対し未だ一言の御批評も賜はらず甚だ不安を感じて居ますが、何とか一つ御言葉をかけてやつて頂度切望致します」（九月一一日）、「備忘録をほめて貰つてやつと安心、飴を貰つた子供のやうにしやぶり〳〵満足してすや〳〵安眠」（九月一七日）、おまけに「此れはまあ次回の「備忘録」位で一寸失敬しておくつもりであります」（九月二三日）と、続編まで考えていたようです。その後、「思想」に寄稿された「怪異考」（昭和二年一一月）や「比較言語学に於ける統計的研究法の可能性に就て」（昭和三年三月）がそれと思われるため、続編の構想は「備忘録」と題さずに書いたようです。

先行論でも、この作品は特別なものとして言及されています。矢島祐利氏は「此の邊から随筆の凄味も一段と増して来てゐるやうに思はれる。健康状態もよく、研究に対しても猛然と立ち向つた此の時分からのものは力が籠つてゐるやうである」[3]と評価しています。また太田文平氏は、「備忘録」から②「夏」④「向日葵」の一部を引用して「「研究は楽しみである」という信念が体験的にも強くなって来たのである」と見つつ、⑪「猫の死」の寅彦の思索を「深い人間的省察」と指摘します[4]。「備忘録」が、これまでの随筆とは一線を画しており、特に研究への姿勢の変化とも関連していることがわかります。

「備忘録」を発表する少し前、寅彦は自身の健康問題やそれに伴う進退の問題に深く悩まされていました。中谷の『寺田寅彦の追想』（昭和二一年九月）を見ると

大学を止めたいといふことも二三度洩らされたことがあつた。初めは冗談のつもりできいてゐたが、そのうちに「僕は今度愈々《いよいよ》決心をして大学を止めるよ。ああいふところに居たら、僕は死んでしまふ。大学の事情もあるだらうが、生命《いのち》にはかへられないから」と真剣な顔付で言はれたので、びつくりした。[5]

と回想しており、それを裏付けるように、小宮あて書簡（大正一五年九月三〇日）には、「思ひ切つて遊ばないと命がないやうな気がする。死期が近づいたのではないかと思ふ程自然界の美しさが強く心をひく」とあり、自身の死を予感するほどの体調と精神状態であったことがわかります。友人の安倍能成は、寅彦が亡くなった後に「大病後の寺田さんを最も多く悩ましたものは恐らくやはり人事関係だつたらうと想像せられる」[6]と書いています。

年譜を見ると、大正一五年一月に理学部教授はそのままで東京帝国大学地震研究所所員に補せられ、さらに昭和二年三月一〇日付でようやく理学部勤務を離れて、地震研究所所員専任となりました。後日このことを「昭和二年官を辞して」と前書きして「身を捨てて浮ぶ瀬ありし月と花」と詠んでいますので[7]、感慨深い出来事だったであろうことが窺えます。

そうなると「備忘録」は、「身を捨てて」東大を退き、ようやく余裕のある時間ができてからの「月と花」とでも言うべき作品であり、しかも雑誌「渋柿」に連載していた歌仙や小文を除けばこの時期最初の本格的な作品とも言えます。先行論が指摘する作品への力の入れようにも納得がいきます。

中谷は『寺田寅彦の追想』で「大学をやめて理研と震研と航研との三つの研究所に拠つて、先生が恐らく理想とされた研究の生活が始まつた。（略）その精神活動は、ずっと略々《ほぼ》そのままの調子で、亡くなられる年まで続いた」と追懐していますが、このことが「備忘録」に生き生きとした光彩を与えているということができるでしょう。

「備忘録」全体を一読すると、故人の思い出に関する内容が多いことに気づきます。

①「仰臥漫録」は師である漱石の「修善寺日記」とその友人であった正岡子規の『仰臥漫録』について書いているもので、いずれも二人の非常な大患の最中の作品です。「修善寺日記」は修善寺での大患時の日記ですが、そこにも多くの人の死が書き留められ、「備忘録」と相似しています。

また⑤「線香花火」の冒頭では、「今はこの世にない親しかった人々」のことを思い出すとあり、亡き母の花火の思い出が語られます。

⑨「芥川龍之介君」では執筆時に急死した芥川龍之介の話が、⑩「過去帳」では急に知らせのあった実家の女中の丑の死とそれにまつわる思い出として父利正の最期の床の場面が、⑪「猫の死」⑫「舞踊」は死んでしまった飼い猫たちのことがそれぞれ書かれています。一二章あるうちの実に半数

の章で、亡くなった人への追憶が綴られていることになります。

実際、この頃の寅彦の周りは多くの方が亡くなっています。先述した芥川と丑のほか、七月一日に甥の伊野部重彦が、さらに一年前の大正一五年六月には母亀が亡くなりました[8]。丑、母は幼い頃の郷土での思い出に深く関わる人々であり、寅彦の随筆「竜舌蘭」に登場する少年「義ちゃん」のモデルである重彦も同様です。彼らの思い出は、⑤「線香花火」の花火の思い出や⑩「過去帳」とも響き合います。母の納骨（大正一五年七月）と重彦の訃報（昭和二年七月）のため、寅彦は二年続けて帰郷し、後者の帰郷が生前最後の高知行きとなりました。

寅彦は母の死の直後、小宮にあてた手紙（大正一五年六月一二日）に、

押入を片付けて、色々の菓子箱が積んであり其中に少しづゝかけらの残つて居るのを発見した時は、どういふ訳かセンチメンタルになつて涙が出ました、母が死んで見ると今度は自分の番だといふ事を明白にリアライズされます

と、母の死に対する喪失感と自身の死を意識しています。一年後、「備忘録」を書いた頃には喪失感も少しは紛れていたかもしれませんが、⑤「線香花火」の若き母の追憶は、もう戻らない過去の思い出がありありと想像できる美しい叙述で、読者に「センチメンタル」な気持ちを喚び起こします。

さらに、芥川の訃報を受けた直後、昭和二年七月二五日の小宮あて書簡に寅彦はこう書いています。

芥川君の死には定めて驚かれた事と存じます、少生も二三度会つた事があるので少し変な気がしました、それに近頃親類の事件でショックを受けた直後だから一層妙な心持がします、自分の踏んで居る大地があちらこちらで陥没を始めるやうな気がする。

ここにある「親類の事件」とは、前出の重彦のことですが[9]、自分より若い重彦、それに続くように一四歳も若い芥川の訃報が寅彦の許に舞い込み、寅彦は自身のアイデンティティーさえも揺るがされるような不安を吐露し、その上で「御互に生きる算段をしやうではありませんか」と生への希求を述べます。また丑の死の知らせを受けた寅彦は、七月三〇日の日記に、「自分の若い時分から親しかつた人間が段々に死んで少なくなつて行くのは淋しいものである」と切なさを覚えています[10]。

このように「備忘録」は、寅彦が精神的、肉体的な生と死に直面していた時期に前後して書かれた作品であり、それに呼応するように生と死は作品全体に大きなテーマとして鳴り響いています。

## 三、漱石の影響と「備忘録」の構成

### （一）漱石の影響

「備忘録」は、全体的に漱石の影響が色濃く見られます。ただし、作中で漱石に直接言及していることは少なく、ほのめかされた形のものがほとんどです（そもそも寅彦の漱石への追想自体が非常に少ないのですが)。寅彦は⑩「過去帳」で「身近い人であればあるほどその追憶の荷はあまりに重くて取り上げようとする筆の運びを鈍らせる」と書いていますが、漱石はまさにその一人だったのでしょう。「備忘録」で書かれるさまざまな話題の背後に、「追想の荷があまりに重」い漱石の思い出が見え隠れします。以下、詳しく見ていきましょう。

①「仰臥漫録」は、「生まれ返った喜びと同時に遥かな彼方の世界への憧憬が強」い漱石と、「免れ難い死に当面」し、「此方の世界に対する執着」を見せる子規を対比させ、特に後者について筆を割くことで人間の「生」のありようをまざまざと浮かび上がらせます。先に述べたように、生と死は「備忘録」全体にわたるテーマになっていますので、ここは序曲のような重要な位置づけの章です。

漱石の「修善寺日記」は修善寺の大患前後の日記で、冒頭部分が八月であり、強雨(八月六日、一四日)や花火(八月二一日)の記録など、「備忘録」にも見られる夏の景物が共通して見られます。子規の『仰臥漫録』同様、日々の食事の他、来客のメモ、漢詩や俳句が書きつけられ、

別るゝや夢一筋の天の川　(九月八日)

生き返るわれ嬉しさよ菊の秋　(九月二一日)

など、寅彦の言う「遥かな彼方の世界への憧れ」や「生まれ返った喜び」を読み取ることができます。また日記には、「吾より云へば死にたくなし。只勿体なし」(九月八日)、「嬉しい。生を九切《きゅうじん》に失つて

命を一簣《いっき》につなぎ得たるは嬉しい」（九月二一日）といった、心情も吐露されています。

もう一つ、直接漱石に関連した内容が書かれているのは⑧「調律師」で、漱石の『草枕』（明治三九年九月）に触れています。『草枕』は主人公の青年画家が温泉場の出戻り娘の那美に惹かれ、絵に描きたいと思うが何かが足りないと思い、その「何か」を見つけるまでを書いた筋らしき筋のない作品で、漱石の芸術論が随所にちりばめられています。小宮あて書簡（昭和二年七月一四日）によれば、寅彦は「備忘録」執筆直前に英訳『草枕』を読み、またそれ以前の小宮あて書簡（大正一五年一一月二一日）の中で、「「猫」「坊ちゃん」「草枕」をのけたら先生の大きな部分がなくなるやうに感じます」と書いていますから、高く評価していたことがわかります。柄谷行人氏はこの初期三作品について、

文壇的な作家はおおむね、漱石を「余裕派」として軽視してきたのであり、評価するとすれば、自然主義的な傾斜を示す『道草』などの作品だけだった。このことは、漱石が『猫』『坊っちゃん』『草枕』によって「文壇」外の広汎な読者によって愛読されてきた事実に対応している。どちらかといえば、漱石はあまり〝文学〟的でないと考えられてきたのである。[11]

と述べています。寅彦は線香花火や金米糖のような偶発性に左右される事象に興味を持ち、ポアンカレの「偶然」を翻訳し、連句を愛好していました。だからこそ、「人情」を重視する近代文学観を否定するかのように、「小説も非人情で読むから、筋なんかどうでもいいんです」（九）[12]と軽やかに言う『草枕』の主人公に共感したのでしょう[13]。

翻って⑧「調律師」を見てみると、寅彦は人間の心の調律師に似たものとして「いい詩人、いい音楽者、いい画家」を挙げます。『草枕』の主人公は、物語の最後で那美に「憐れ」が浮かんだ時に、「それだ！　それだ！　それが出れば画《え》になりますよ」と那美の肩を叩きます。「憐れ」を浮かべた那美と人間ドラマを展開するのではなく、絵に収束させるわけです。主人公は寅彦が言うところの「『我』を持出さない」、常に透徹した観察眼を持ち、「自然の方則」に従い調和するところまで導く存在であり、それは④「向日葵」で理想とされていた芸術家や物理学者のありようを思わせます。⑧「調律師」の末尾には芸術の無理解への苦々しい気持ちが記されますが、これは寅彦が大正九年頃の雑記帳にメモした「漱石先生の小説を見て一向つまらぬといふ人がある。此れは其作物に共鳴すべき物を持ち合わさぬ人である」という言葉が重なります。

直接言及されている①「仰臥漫録」⑧「調律師」以外にも、漱石を思わせるほのめかしは数多くあります。③「涼味」はアナロジーによって話が展開していますが、この方法は、漱石が「思ひ出す事など」（明治四三年）でアメリカの心理学者ジェイムズの『多元的宇宙』の文章を評し、「ことに文学者たる自分の立場から見て、教授が何事によらず具体的の事実を土台として、類推《アナロジー》で哲学の領分に切り込んで行く所を面白く読み了った」（三）と記しているところとも響き合ってきます[14]。アナロジーで話が展開するのは⑫「舞踊」も同様で、玉の足踏みの話から遠い昔の猫の祖先、そして「人間に共通な舞踊のインスティンクトの起原」に思いを馳せ、最後には人間の赤ん坊の足の動きと猿の動きの遺伝に話が及び、その背後に連綿と続く生の営みを感じさせます。

④「向日葵」は寅彦の芸術論、科学論が窺える章でもあります。寅彦は向日葵を写実的に詳細に描写しますが、写実にのみ価値を置いたのではなく、「本当に優れた理論物理学者の論文」を「南画中の神品を連想させる」と評し、仔細な観察を前提として、より幅広い芸術のありようを認めています。特にこの南画のくだりは、漱石の「思ひ出す事など」で漱石が幼い頃から南画を愛し、「何うか生涯に一遍で好いから斯んな所に住んで見たい」（二四）と書き、病で寝ている間は「絶えず美くしい雲と空が胸に描かれた」と表していたことを想起させます。漱石が理想とした世界が南画の中に見出されており、その南画を寅彦が比喩として用いていることは偶然ではないでしょう。さらに、「純粋な実験物理学者は写実主義の芸術家と似通った点がある」と寅彦が述べているのは、漱石の言うところの「只まのあたりに見れば、そこに詩も生き、歌も涌く。」（『草枕』一）とも通じ合うのではないでしょうか。

また、⑤「線香花火」の末尾には西洋科学の後追いになっている日本の研究についての不満が窺えます。寅彦は日記で「西洋の学者の眼ばかりを通して自然を見て居るのでは日本の物理はいつ迄も発達しない」と書き、漱石は「模倣と独立」（大正二年一二月一二日）で西洋の模倣《イミテーション》ではなく独立《インディペンデント》が必要だと書いています。

さらに、漱石の思索と関わる、記憶の継承[15]に関する話に、⑩「過去帳」があります。末尾に「これらの人々の追憶をいつかは書いておきたい気がする、しかしそれを一々書けば限りはなく、それを書くという事はつまり自分の生涯の自叙伝を書く事になる」と記しています。寅彦は自身の研究や思索、思い出を――そこには漱石から受け継いだものも多分に含まれていたでしょう――次の世代に伝えたいと希ったのでしょう。そして、これは記憶したいことを書き留めておくという「備忘録」そのものであり、一時的な死によって途切れた過去を記録し懐かしむ漱石の「思ひ出す事など」と共通する営為です。

漱石作品の一場面を思い浮かべる章もいくつかあります。⑦「風呂の流し」で寅彦が閉口する三助の存在は、『草枕』の一場面――髪結い処の江戸っ子親父が断りなく十本の爪で頭蓋骨の上をこすったりするので主人公が「首が抜けそうだよ」と評する――を彷彿させます。⑩「過去帳」で登場する丑のエピソードも同様です。父の死の床で、寒暖計が九十余度（約三二℃）を越す暑い日、枕元近く氷柱を置いて扇風器をかけていたその氷柱の箱の中の水を小皿でしゃくって飲むエピソードが極めて印象的なものとして綴られます。夏の暑さは②「夏」③「涼味」とも結びつくものですが、それ以上にこの挿話が漱石作品「永日小品」中の「猫の墓」の一挿話と奇妙な相似を見せていることに興味を惹かれます。

三日目の夕方に四つになる女の子が――自分はこの時書斎の窓から見ていた。――たった一人墓の前へ来て、しばらく白木の棒を見ていたが、やがて手に持った、おもちゃの杓子をおろして、猫に供えた茶碗の水をしゃくって飲んだ。それも一度ではない。萩の花の落ちこぼれた水の瀝《したた》りは、静かな夕暮の中に、幾度か愛子の小さい咽喉を潤した。

「永日小品」の発表は明治四二年一月、寅彦の父の死は大正二年八月です。「備忘録」執筆より前に漱石全集が出版されていたことを考えると、この頃に漱石作品を見返すことがあったかもしれません[16]。他にもあったであろう丑のエピソードの中からわざわざこの話を選んだのは、よほど印象深かったのか、もしくはこの「永日小品」のことが寅彦の頭をかすめたのでしょうか。そうであれば、⑩「過去帳」の最後の猫の話題が⑪「猫の死」の導入になっているのみならず、いずれも飼い猫の墓に結びつくという意味でもこの二つの章は深く結ばれていることになります。

⑪「猫の死」の三毛の埋葬シーンは、「猫の墓」以外にも、漱石の「文鳥」の最後を想起させます。また「Miserable misanthrope」（あわれな人間嫌い）という言葉があり、小宮は『寺田寅彦随筆集』第二巻の注釈に、「この語はモリエールの作品を連想させる」と書いていますが、これはモリエールの戯曲『Le Misanthrope ou l'Atrabilaire amoureux』（人間嫌いあるいは怒りっぽい恋人）を指しているのではないかと思います。寅彦の「スケッチブック」（昭和二年七月二〇日）には、小宮と雑談する中に「メレディスのコミックスピリットの話」があったと記されていますが[17]、そのメレディスを読むとモリエールの『人間嫌い』についてかなり筆を割いて説明しています。メレディスは漱石にも影響を与えた作家で[18]、「備忘録」執筆期間に、他でもない小宮と「Comic Spirit」の話をしていたのであれば、寅彦の頭にモリエールのことがなかったとは言い切れません。ここでも漱石との不思議なつながりがあることを指摘できます。

## （二）構成について

寅彦の随筆には構成に意味を持たせたものが見られますが、「備忘録」はどうでしょうか。各章を詳しく見ていきましょう。

①「仰臥漫録」で、寅彦は子規の「マグロノサシミ」に「悲劇」を、「自殺の一幕」に「一種の喜劇」「笑」を読み取ります。そして、子規の毎日の三度の食事を「此方の世界に対する執着」の一つと捉え、命がけで書き残された詩の「最も強烈なもの」を見、「リフレインでありトニカ」だと評します。確かに子規の「仰臥漫録」は、時折訪れる子規の爆発的な感情の発露の合間に、淡々と、存在の証を刻むように食事のメモが記され、この生の営みの動と静のありようが「稀有の美しい一大詩編」として立ち上がってきます。大正八年末に胃潰瘍で吐血し生死の境をさまよった寅彦は、より実感を持ってこの詩編を味わったことでしょう。執筆時に送った小宮あて書簡の「何を食ふかゞどの位重大な事であつたか」（昭和二年七月一四日）という言葉からは、当時の寅彦が子規同様に生を希求していたことも想像されます。

全体を通して気づくのは、子規と漱石、生と死、彼岸と此岸、悲劇と喜劇といった対をなすものが非常に多いということです。これは①「仰臥漫録」のみならず、「備忘録」全体の章と章との関係性にも見られます。例えば、⑨「芥川龍之介君」に出てくる「恐るべき硬いパン」――食事の大事な機能に寅彦が注目していたことを考えれば、それは子規の「マグロノサシミ」とは真逆のもの――は生への執着を拒むものとして作用していたと推察できます。

次の②「夏」では結びに、夏の楽しみとして夕立の雲の変化や雨の音、稲妻を観察することが書かれています。寅彦は随筆「笑」（大正一一年一月）の中で、「笑うべき事がない時に笑い出す」自分の癖を告白し、その例の一つとして次の話を挙げています。

例えば烈しい颶風《ぐふう》が暴《あ》れている最中に、雨戸を少し開けて、物恐ろしい空いっぱいに樹幹の揺れ動き枝葉のちぎれ飛ぶ光景を見ている時、突然に笑いが込みあげて来る。

寅彦の中で激しい雨と笑いが結びつくことを踏まえれば、夕立の話は③「涼味」の話題の呼び水であるとともに、①「仰臥漫録」の笑いの話とも不思議な結びつきを見せていることになります。

③「涼味」は②「夏」と対になる内容で、暑さの中の一抹の涼しさを取り上げます。一方で、皮膚の感覚を「精神的の涼味の感じ」に転用することも述べられており、身体や物質の話から精神へと目を向ける⑦「風呂の流し」や⑧「調律師」とも重なってきます。

④「向日葵」も②③同様、夏の話題です。「自分の眼で自分の前のむき出しの天然を観察」することが伝統や権威に眩惑されて困難であること、そして自分自身の「向日葵」を創造する芸術家の困難と科学の探求に従事する者が感じる困難についても言及されています。これは⑤「線香花火」での西洋科学の後追いになることへの批判や、⑥「金米糖」での個体の揺らぎの問題が閑却されてきたことへの批判も象徴させます。

⑤⑥は本書のテーマですが、いずれも科学的な研究に関する内容です。⑦「風呂の流し」は一転してユーモラスな筆致で、交響曲であればスケルツォとでも言うべき内容でしょう。内容的に⑥から一度切れたかのように見えますが、実は寅彦にとっては⑤⑥と⑦⑧は精神の慰藉という意味で分かちがたく結びついています。小宮あての書簡（大正一五年一一月二一日）に、「もう少しのんきになれなくては全くからだが続きさうもない、東北大学文学部講師を嘱託し、一年間に十時間の講義で謝金三千三百円位御下賜になり、そして「線香花火論」か「金米糖論」でもやらせて頂く訳にはいけますまいか」としたため、弟子の池田芳郎あて書簡（大正一五年一一月二七日）にも「研究と道楽とに終始したいといふ願望があり〳〵強くなつて来ます」と吐露していま す。「からだも頭も疲労」し、「神経衰弱」かもしれないと悩む寅彦が「のんき」になるには東大を辞め、「線香花火」「金米糖」の「研究」や「道楽」に終始するしかないと思い詰めていたことがわかります。したがって、これらが冒頭で触れた「科学の底をぬく」重要なものであるのみならず、精神的にも大きな慰藉であり、前後の章との密接な関係も明らかです。

そして⑧「調律師」の末尾では、「もたないピアノに狂いようはない。咲かない花に散りようはないと同じわけである」と看破しますが、この言葉は⑨「芥川龍之介君」での急逝した芥川を悼む言葉として、章を接続していると考えられます。

同じく故人の思い出を書いた⑩「過去帳」の結びでは、「自分の過去帳に載せらるべくして未だ載せられてないもの」として、三匹の飼い猫への追懐が添えられます。これは⑪「猫の死」に引き継がれ、両者は明らかに一続きの内容となっています。

そして⑫「舞踊」は遺伝の話で閉じられます。「備忘録」が、生と死を交響曲のように響かせながら、最終的に遺伝の話で終わっているのを見ると、根底に生死を繰り返して続いていく生き物の営為が仄見えてきます。

以上、各章について見てきましたが、この構成にどんな意味があるか考えてみましょう。一二章という数は、寅彦が友人の小宮や松根東洋城とともに当時夢中になって作っていた連句の新形式のうち、「ディプテュホン」（二部作）や「二枚折」「二つ折」「二枚屏風」などの形式を思わせます。小宮はこれらについて、「六句と六句とが対になるやうな仕立方をしたといふことを意味するものに過ぎない」と述べています[19]。これを踏まえて各章の題を見ると、抽象的な②「夏」③「涼味」、科学の題材である⑤「線香花火」⑥「金米糖」、職業である⑦「風呂の流し」⑧「調律師」、身近な存在の死を書く⑩「過去帳」⑪「猫の死」が対になっていて、④「向日葵」は②③と⑤⑥を、⑨「芥川龍之介君」は⑦⑧と⑩⑪を繋ぐ内容と見れば、⑥と⑦を境に対称となるので、当時試みていた左右対称の連句の形を意識していたかもしれません。

章の接続にも注目してみましょう。寅彦は「日本文学の諸断片」（X　大正一三年一〇月）で、芭蕉時代の連句について「偶然に成り立つ渾然とした実感的な境地や情味の旋律的推移」に興味の中心が移ったと推測していますが、「備忘録」は芸術論や研究を真面目に論じたと思えば風呂の三助に愚痴を言い、また芥川の死という時事的な話題に触れ、死というつながりから下女や猫の話題に移るなど、万華鏡のように主体の様々な実感が展開され、まさに「旋律的推移」を意識した構成を感じさせます。ただ、例えば夏の話題が三つ以上続くなど、連句のルールに基づいているとは言い難く、かといって、大正期末に「ホトトギス」で山口誓子や水原秋櫻子が試みた連作[20]とも異なります。それは、連作がドラマのような様相を呈することに比べ、「備忘録」は結びつきが一見それとわかりにくいほのめかしが多く、連句のような偶然性が強いからです。寅彦は日記に「思想家の本当の腹の底の考は却つてまとまらない断片の中に見出される、纏まつた大論文には大抵何処かに無理がある」（大正九年一月二六日）と書いており、整合性を重視せずに断片的な文章からほのめかされるものを評価していますので、「備忘録」に一つのドラマのような整合性はおそらく求めなかったでしょう。「備忘録」を書く少し前の小宮あての書簡（昭和二年三月一〇日）を見ると、「前句との関係だけでは比較的に苦しまないで前々句との関係、場合によると前の数連との関係でいろ〳〵困つたり縛られる事が多い」と書いており、この時期はまだ連句も試行錯誤の段階で、晩年の随筆「藤の実」（昭和八年二月）のような、連想で巧みに話題を切り替える手法にまでは至らなかったのかもしれません。

一方、音楽的な着想に目を向けると、窮理舎の伊崎修通氏は、一二という数は音階を想起させると指摘します。一二音階とは「ド」「レ♭」「レ」「ミ♭」「ミ」「ファ」「ファ♯」「ソ」「ソ♯」「ラ」「ラ♯」「シ」までのピアノの白鍵と黒鍵の一二音で、これらは半音という関係で均等に分けられます。寅彦は「日本文学の諸断片」（V　大正一三年三月）で、いろいろな情緒や幻像の連鎖を「旋律」に例え、また「テンポ」「和声」にも言及しています（後にこれは「連句雑俎」（昭和六年二月）で整理され、音楽と連句に必要な三つの要件「律動《リズム》」「旋律《メロディー》」「和声《ハーモニー》」となります）。また、「日本文学の諸断片」（Ⅵ大正一三年四月）で、連句に出てくる梅、牛、蛙といった言葉を「ピアノの鍵盤をたたいて色々の音が出て来るように、順々に出て来る」と言い、（Ⅹ）では、連句の基調について「音楽での音階の差別のようなもの」と指摘し、「こういう変化はまた一篇の中にも現われて丁度転調《モデュレーション》のような感じを与える」とも述べています。音階を意識して連句を作っていたのであれば、随筆にもそれを適用した可能性はあるかもしれません。

なお作品全体の構成について、音楽に詳しい井元信之先生（大阪大学名誉教授、量子情報科学がご専門）は、序曲と主部、前奏曲とフーガ、といった捉え方もでき、その他前奏、主部、後奏、といった三つの分け方で見ることもできるのではないかと非常に興味深い指摘をされています。寅彦は「日本文学の諸断片」（Ⅴ）で連句のロンド形式やソナタ形式にも言及しており、これも大いにありうることです。いずれにしても、何かの詩や音楽の形式を意図していたように感じます。

## 四、哲学との共鳴

ここまで、漱石からの影響と連句や音楽を意識した構成について述べてきましたが、見過ごせないのは、漱石を通して当時の哲学者たちの影響が見えてくることです。具体的には先に触れたジェイムズをはじめ、ジェイムズと親交のあったベルクソン、そしてベルクソンが影響を受けたルクレティウスを挙げることができます。以下、それぞれの影響について見てみましょう。

## （一）ウィリアム・ジェイムズ——生と死

ジェイムズ（一八四二～一九一〇）はアメリカの心理学者で、プラグマティズムを代表する思想家の一人として知られています。ここでは、特に漱石に与えた影響を通して、寅彦にどのようにジェイムズの思想が及ぼされたのかを見てみましょう。

寅彦の日記には、特に大正九年一～二月にしばしばジェイムズの名が見られます。

> それから有楽橋迄ぶら〳〵あるいて又電車で中西屋へ来て W. James, Selected Papers on Philosophy と Nietsche[tzs], The Joyful Wisdom を買った（大正九年一月二六日）

ジェイムズの『Selected Papers on Philosophy』（一九一八（大正七）年）は、「On a Certain Blindness in Human Being（人間における或る盲目性について）」、「Gospel of Relaxation（緊張緩和の福音）」をはじめ、『心理学について』『宗教的経験の諸問題』『プラグマティズム』といったさまざまな著作から幅広く論文を選び収録した本で、寅彦蔵書（高知県立文学館蔵）として現存します。さらに日記には、「朝 James をよんだ（略）午後二階で少し Konpeito を書いた」（大正九年二月一九日）、「朝 James をよむ。（略）先生の画幅を見る（略）子規の仰臥漫録を借りて帰る」（二月二七日）などと書かれており、「Konpeito」「（漱石）先生」『仰臥漫録』など、「備忘録」とも関わる項目が並んでいます。
また、後の随筆「笑」は、ジェイムズ＝ランゲ説と思しき説が紹介されています。

ところで、漱石はジェイムズを愛読していました。先行研究によれば、漱石の蔵書の中にあるジェイムズの著作は『心理学原理』（一八九〇（明治二三）年）、『宗教的経験の諸相』（一九〇二（明治三五）年）、『多元的宇宙』（一九〇九（明治四二）年）であり、うち『心理学原理』『宗教的経験の諸相』の二冊はイギリス留学から帰国した直後に購入、漱石の『文学論』（明治四〇年）、「文芸の哲学的基礎」（明治四〇年）などに影響していると考えられています。

また『多元的宇宙』は修善寺の大患前後に読まれ、強い印象を得たことが日記と「思ひ出す事など」に散見されます。特にこの「思ひ出す事など」は、生と死についての考察がたびたび記され、それはジェイムズの潜在意識の連続性についての仮説とも深く関わっています。例えば、漱石は「俄然として死し、俄然として吾に還るものは、否、吾に還つたのだと、人から云い聞かさるゝものは、ただ寒くなる許《ばかり》である。」（一五）と自分の臨死体験を振り返ります。漱石は「意識の連続していくものに便宜上私という名を与えた」（「文芸の哲学的基礎」）と考えていましたから、それが一時的な死で断絶した痛烈な体験により、「寒さ」を感じたのでしょう。

漱石はまた、ジェイムズが『多元的宇宙』でフェヒナー[21]を取り上げ、「世界の構成がいたるところで同一である」という結論を重視している部分に下線を引いています。さらにジェイムズは、私の意識と君の意識、全人類の王国と動物の王国がより広い意識の中で一緒になり、植物の意識とも結ばれ、かくして「ついには絶対的に普遍的な意識に到達する」と述べていますが、ジェイムズにとって大切な主張であるこの部分には下線がありません。ジェイムズは、「より高位の意識」に到達することによって救いがもたらされると説いたのですが、「思ひ出す事など」では「地球の意識とは如何なる性質のものであらう位の想像はあつて然るべきだ」（一七）とも書いており、ジェイムズの説明は漱石にとって「無きに等しいものだったのであろう」と重松泰雄氏は述べています[22]。

漱石はさらに、「余は余の個性を失った。余の意識を失った。ただ失った事だけが明白なばかりである。どうして幽霊となれよう。どうして自分より大きな意識と冥合できよう」（一七）と書いており、これはジェイムズの主張に対する明確な反論です。修善寺の大患がきっかけとなり、生と死についてより深めた形で漱石が思索していたことが窺えますが、重松氏はフェヒナーやジェイムズの結論に対する失望と幻滅の大きさが、かえって漱石の「大きな意識」への関心の大きさを立証していると指摘しています。

一方、寅彦はどのように考えていたのでしょう。「備忘録」よりも後に書かれた「ルクレチウスと科学」（昭和三年九月）を見ると、寅彦は「偶然のみ支配する宇宙ではエントロピーは無際限に増大して死滅への道をたどる。これを呼び帰して回生の喜びを与えるべき別の「理」はないものであろうか」（一）と述べています[23]。これが可能であれば、漱石の死の淵から戻る体験も説明できるかもしれません。

また、ジェイムズの「大きな意識」については、⑪「猫の死」に「人間より一段高い存在」や「神」の言葉があり、⑥「金米糖」には「生命の究極の種」、「原子個々にそれぞれ生命を附与する事によって科学の根本に横たわる生命と物質の二元を一纏めにする事は出来ないものだろうか」と書いていますので、明らかにジェイムズの「地球の意識」に対する漱石の疑問の答えを探していたのではないかと思います。⑪を見る限り寅彦は「大きな意識」を認めており、⑥はさまざまな生命に共通する意識についての考察として、後述のルクレティウスとも繋がるものではないでしょうか。

このように、ジェイムズを介在させると、寅彦が漱石からの記憶の継承として、その残された疑問を、物理学者の視点から解き明かそうとしていた様子が見えてきます。

では次に、ジェイムズと親交のあったベルクソンについて寅彦との関係を見てみましょう。

（二）アンリ・ベルクソン――生の火花

ベルクソン（一八五九～一九四一）はフランスの哲学者です。日本では特に大正元～四年にかけてベルクソンの哲学が大流行し、西田幾多郎や和辻哲郎、大杉栄などに影響を与えています[24]。

寅彦が直接ベルクソンを読んだ記録は少しだけ残っていますが、それらは寅彦にとっては何かが変わるほどの読書体験にはなり得ていません[25]。一方で、両者に共通する重要な要素が「火花」の比喩にあります。以下、寅彦とベルクソンの発想の同時代性を見てみましょう。

「持続」という直観から出発したベルクソンは、後述するように「創造的進化」という独自の生命観へと至りました。その哲学の根底にあるものが「創造の喜び」です。ベルクソンにとって、「創造の喜び」こそ前進がもたらす感情であり、哲学することはその創造に参加することでもありました。

これに関連して、寅彦とベルクソンの類似が先行研究で指摘されています。ベルクソン研究者の澤瀉久敬《おもだかひさゆき》氏は、ベルクソンの講演録「意識と生命」（一九一一（明治四四）年五月二九日）の「歓喜の意義」の項で「自分の構想を作品にしあげることができた芸術家の歓喜、発見あるいは発明をした学者の歓喜」について述べている部分に注釈をつけ、寅彦が「科学と文学」（昭和八年九月）で「充実した生命の喜び」として「作り出す」「生み出す」ということを挙げ、「それが唯一の生きて行く道である」と述べており、その「喜び」を名誉心や功名心から純粋になった「創作の歓喜」（「緒言」）と記していることを「興味深い論述」として挙げています[26]。この創造の喜びについては④「向日葵」にある創造の困難への言及や、⑤「線香花火」における研究テーマについて「われわれの脚元に埋もれている宝」の重要性を連想させます。

ベルクソンにおいては『創造的進化』（一九〇七（明治四〇）年）において発表される「エラン・ヴィタール（生の弾み）」[27]という考え方があり、前出の澤瀉氏はそれについてこのように述べています。

> 生命の進化は四つ辻に吹きつける突風に似ており、それはただ一方向に前進するだけではなく、右の道へも左の道へも進み、ときには戻ることもあるという比喩と、エラン・ヴィタールは花火の爆発に似ており、生そのものは爆発であり、それが消えて落下するときに生ずる残滓、それが生物体であるというこの二つの比喩は、ベルクソンのエラン・ヴィタールの意味するものが何であるかを理解する一助となろう。[28]

ベルクソンにとって生命の観念を象徴する「火花」は、その哲学的体系を貫く重要なシンボルです。
一方、寅彦の文章にも、たびたび火花に関する比喩が見られます。例えば「子規の追憶」（昭和三年九月）では、『仰臥漫録』に関連させて、子規の生命力を「ほとんど腐朽に瀕した肉体を抱えてあれだけの戦闘と事業を遂行した巨人のヴァイタルフォースの竈《かまど》から迸る火花の一片二片」と書いていますが、この生命力の比喩はベルクソンとの類似を想起させます。

また、俳句の季題を「電気火花のごとき効果をもって連想の燃料に点火する」（「俳句の精神」昭和一〇年一〇月）と表現しており、動きに偶然性をもつ「火花」によって例えられている点が、ベルクソンに近いと言えます。俳句の季語の「連想」が「偶然」の観念と結びつくならば、漱石が第五高等学校の学生だった寅彦に教示した「扇のかなめのような集注点を指摘し描写して、それから放散する連想の世界を暗示するもの」（「夏目漱石先生の追憶」昭和七年一二月）という俳句の説明は、寅彦にとって躍動的な変化に富んだ、立体的な火花の印象を与えたかもしれません。

一つの火花から次々と火花が分岐する様は、寅彦が夢中になった線香花火そのものです。ベルクソンは、進化の過程を説明するにあたり、その運動を砲弾の爆発に例え、「生命が原物質から受ける抵抗と、生命みずからが携える爆発力」（『創造的進化』第二章）であると主張し、「弾みはみずからを伝達しながら分岐を次第に増やしていく」（同書第二章）と述べています。この進化についての考えもまた、次々に分岐していく火花を彷彿します。

本書に寄稿されている井上智博先生の「線香花火」論によれば、火球で継続的に発生する泡が弾けて火花となるのであり、これはシャンパンの気泡と同じ仕組みだと言います。寅彦は連句について「どんな平凡な句でもその奥底には色々ないいものの可能性が含まれている。それを握んで明るみへ引出して展開させるとそこからまた次に来る世界の胚子が生れる」（「断片Ⅱ」昭和二年一月）と書いていますが、一方でベルクソンは、『笑』の末尾において海の波を引き合いに出し、「笑はこの泡のやうに生れるのだ。（略）その泡のやうに、笑はぱちぱち音を立てる」と表現しています。寅彦とベルクソンがある種の運動を例えるのに、火花や弾ける泡を持ち出す必然性を直感的に感じていたことは興味深い相似です。そして、二人の感覚にとてもよく似たルクレティウスの比喩が、彼らの独創的な視点に非常に重要な示唆を与えていると思われますので、続いてその影響を見てみましょう。

## （三）ティトゥス・ルクレティウス・カルス——科学的黙示録

ルクレティウス（紀元前約九九年~紀元前五五年）はローマの詩人哲学者ですが、エピクロス哲学の原子論的自然観を詳述した長詩『物の本質について』が唯一残されているだけで、その全貌はわかっていません。しかし、その研究や注釈は海外でも多くなされており、日本でも近年その展開が見られています[29]。そして寅彦の蔵書にも William Elley Leonard の『Lucretius : Of the Nature of Things : A Metrical Translation』（1921）があり（高知県立文学館蔵）、そこにはかなりの書き込みが見られますので、彼もまた深い興味を持っていたことが指摘できます（口絵参照）。

神の摂理と死後の世界を否定し、万物は絶えず動き回る極小の粒子でできていると歌うルクレティウスの詩について、その愛読者であったベルクソンは「ルクレーティウスを忘却から引き出したのはルネサンスである」(「ルクレーティウスの抜萃」Ⅳ、一八八三(明治一六)年)と言い、一方で寅彦は「ルクレチウスは一つの偉大な科学的の黙示録《アポカリプス》である」「私はアインシュタインやド・ブローリーがルクレチウスを読んだであろうとまでは思わないが、彼等の仕事に最初の衝動を与え幾度か行詰りがちの考えに常に新しい活路を与えたのは、私に云わせれば彼等の頭の中にいるルクレチウスの仕業である」(「ルクレチウスと科学」緒言)と喝破しています。このことからも二人がルクレティウスをよく理解していたことが窺え、彼らの奇妙な一致のヒントにもなりそうです[30]。

寅彦は随筆「ルクレチウスと科学」を執筆するよりも前に、ルクレティウスの「De rerum natura」を物理学者の懇話会で紹介していました。ちょうど「備忘録」執筆を始める一〇日ほど前の、安倍能成あて書簡(昭和二年七月七日)に当時の寅彦が抱いた瑞々しい感激が綴られています。

兎に角、エピクアの思想の中には殆んど現代物理学の「骨組み」の全部が含まれて居ると思はれ、「電子」の如きもの、アンチシペーション、極最近の「素量説」の胚子のやうなもの迄も暗示されて居るのは実に面白いと思はれました、のみならず、此の人生観迄も余程現在の多数の物理学者の先祖らしく(尤も此の方は当然かも知れませんが)中々面白く読まれました。かういふ学問の「骨」をかいた本は、恐らく今から百年五百年の後の物理学者、或は生物学者が読んでも矢張、其時代の新学説の胚子を発見して嬉しがる事と想像されます。精神科学が段々進んで行つたら恐らく、此書にあると似た事になりはしないかと考へられる。」 遺伝説で現在遺伝素といふものを考へて居るが此れもちやんと書いてあるから面白い。」 性慾に関する一節も中々露骨で面白かつた。

この文中で、物理と生物の胚子についての言及は⑥「金米糖」を、精神科学については⑦「風呂の流し」と⑧「調律師」を中心とした肉体と精神についてのくだりを思い出させます。それ以外にも、寅彦が「冶金、紡織、園芸の起源や、音楽、舞踊の濫觴までも面白く述べてある」(「ルクレチウスと科学」五)というように、園芸(④「向日葵」)、音楽(⑤「線香花火」)や舞踊(⑫「舞踊」)についても明記されているのですから、まるで「備忘録」の「胚子」がルクレティウスの詩の中に含まれていたようです。

また、安倍あて書簡の一か月後の日記(昭和二年八月七日)には、小宮に会い、ルクレティウスの話をしたことが書き留められ、これはちょうど「備忘録」の執筆時期に当たります。後年、寅彦は「ルクレチウスと科学」(昭和四年九月)を執筆、日記にも頻繁にルクレティウスに関する事柄が記されています。寅彦の言葉、すなわちルクレティウスがルネサンスに影響を与え、近代思想を形作ったという指摘を考えると非常に納得のいくものです。

さて、先に火花の比喩について述べましたが、ベルクソンと寅彦に共通する音楽の暗示もまた、ルクレティウスに垣間見られます。ベルクソンの『笑』には、歓喜や悲哀の下にある「人間にとつてもつと内面的なものである生命及び気息の或るリヅム」（第三章）[31]という言葉がある一方、寅彦は「アインシュタイン」（大正一〇年一〇月）で、音楽が「運動」を本質とするものであると指摘しています。これはベルクソンが感情の下にあるものを共鳴音やリズムと見做していたことと同じで、エネルギーや運動という概念に近い認識を持っていたとわかります。

こうした共通の認識は、ルクレティウスの「声は四方八面に分散されるものであるが、そのわけは、一つの声が放たれて一旦多くの声に分散してしまうと、声から声が生れ出ること、あたかも火の子が往々同一な火となって分散するのと同様だからである」（第四巻）という比喩と結びつき、声（音）が火花へと連想されます。なお寅彦蔵書には「あたかも」以下に下線が引かれ、注目していたことが窺えます[32]。

また、寅彦は詩という形式からも影響を受けたのではないでしょうか。「連句雑俎」（二　昭和六年五月）で「普通の古典的の意味においてのすべての詩歌は、皆共通な音楽的要素を有《も》っている」と書いているように、そもそも詩は、特に古代においては一種の音楽です。寅彦は「ルクレチウスと科学」で、「要するにこの冒頭は詩篇の形式を踏襲するために置かれた装飾のようであるが、これもまた彼の全巻を蔽う情調の前奏曲として見ると面白いのである」（一）と書き、あるいは、「そうして彼は次の数句を歌う。（略）この句は後にもしばしばリフレインとして繰り返さるる」（一）と言うなど、明らかにその詩を音楽と同一視しています（口絵参照）。

寅彦がルクレティウスの詩を音楽のように見做していたことは、詩が黙示録のように、さまざまなものを暗示しているという認識において重要です[33]。詩の表現は漠然としている故にほのめかしを含み、自由な連想をかき立てます。ルクレティウスの詩には、ベルクソンの「エラン・ヴィタール」を思わせる火花のように気ままに連想が飛び交う一方、「死の憂愁」（ベルクソン「ルクレーティウスの抜萃」I）を思わせる生と死のテーマを繰り返すリフレインやトニカに似た手法が見られ、それは「備忘録」にも共通しています。

また音や火花の例に見るように、ルクレティウスの比喩は時代と国を越え、同じ自然現象の再現へと、読む者を導くはずです。④「向日葵」の観察に徹底する「芸術家」や「本当に優れた理論物理学者」であれば、自然現象を通して詩篇から変わらない「骨」を見、「胚子」を掬い取ることができるのではないでしょうか。

すると「備忘録」という作品は、ルクレティウスの詩のような黙示録的な意図も意識して書かれたように浮かび上がってきます。

その後も「備忘録」の続篇を書こうとしていたことを鑑みると、精密な世界観を構成するのではなく、直感的に感じた不思議や自身の懐かしい記憶を連句のように書きつけていくという執筆の姿勢――それは世界そのものに対峙する姿勢でもあるわけですが――を示した寅彦の記念碑的作品が「備忘録」と言えるかもしれません。寅彦はのちに文学を「人生の記録と予言」（「科学と文学」昭和八年九月）だと書きますが、これを最期まで自身の執筆態度として持ち続けたのでしょう。

## 五、おわりに

以上、寅彦の「備忘録」について文学的考察を行いました。「備忘録」は、漱石の影響を通して、当時の科学や哲学とも共鳴した作品であるといえます。また本書のテーマである「線香花火」「金米糖」に関連して言えば、偶然性の高い連句的・音楽的構成や連想の自由な方向性、火花の躍動的なイメージが見出され、寅彦にとって科学と芸術が不可分のものであったと解せます。

哲学への興味は、先んじて書かれた『物理学序説』（大正九年執筆開始、未完）からも窺え[34]、アナロジーという手法は「茶碗の湯」（大正一一年五月）に反映されました[35]。またのちに書かれた「藤の実」は、「偶然」と「必然」を表現する連句をより明確に意識した構成ですが[36]、「備忘録」はこれらの中間に位置する存在ではないでしょうか。火花のように未来への「胚子」を孕みつつ、より洗練されながら、晩年に至る作品群へと結晶していったと思われます。

拙稿は、さまざまな先生方の著作や言葉、編集を担当された窮理舎の伊崎氏に示唆を受けたことが元となっています。コロナ禍の中、各先生方に直接お会いし言葉を交わすことは叶いませんでしたが、窮理舎という「場」がサロンのようにさまざまなものを繋いでくれました。おそらく一人では、この寅彦の作品を広く見渡すことは不可能でした。関わってくださった皆様に感謝申し上げます。

## 六、参考文献と注

[1] 以下、寺田寅彦の引用は『寺田寅彦全集』（岩波書店、一九九七（平成九）年）に拠った。
[2] 小宮豊隆「不易流行について」昭和二年四月、引用は『芭蕉の研究』岩波書店、一九三三（昭和八）年一〇月。
[3] 矢島祐利『寺田寅彦』岩波書店、一九四九（昭和二四）年一〇月。
[4] 太田文平『寺田寅彦』新潮社、一九九〇（平成二）年六月。
[5] 中谷宇吉郎『寺田寅彦の追想』甲文社、一九四七（昭和二二）年四月。
[6] 安倍能成「寺田さん」、「思想」第一六六号（寺田寅彦追悼号）岩波書店、一九三六（昭和一一）年三月。
[7] 太田文平『寺田寅彦』の「一四　研究所員専任時代前期」を参照。
[8] 大正一五年六月五日の日記を見ると、「夜重彦着」とあり、寅彦の母の危篤の際に、寅彦の姉・伊野部幸とその息子重彦が東京に来たことがわかる。重彦は幸の長男で、伊野部家の家督を継いでいた。
[9] 山田一郎『寺田寅彦　妻たちの歳月』（岩波書店、二〇〇六（平成一八）年九月）参照。
[10] 身近な人の逝去のみならず、寅彦自身もまた郷里にある土地を手放し、その縁を薄いものにしつつあった。大正一五年正月の日記には、「朝倉の地所も暮に仕末がついたので此れで大抵郷里の地所はなくなつた訳である　江ノ口に少しばかり残つて居る筈である」とあり、この頃には郷里に残してきた土地も、生家のあたりを除いてほとんど始末をつけ終わっていたことがわかる。

[11] 柄谷行人「『草枕』について」、『草枕』新潮文庫、二〇〇五（平成一七）年九月改版。

[12] 以下『草枕』の引用は『草枕』（新潮文庫、二〇〇五（平成一七）年九月改版）に依った。

[13] のちに寅彦は「中間的随筆は概してはっきりした「筋」をもたない場合が多い」（「科学と文学」昭和八年九月）と書いており、随筆家として活動するにあたり漱石のこの言葉を意識していた可能性がある。

[14] ジェイムズと親交のあったフランスの哲学者ベルクソンも、『創造的進化』で意識と生命のアナロジーによる推論を行っている。（松井久「解説」、アンリ・ベルクソン著、合田正人・松井久訳『創造的進化』筑摩書房、二〇一〇（平成二二）年九月）。

[15] 越智治雄氏は『漱石私論』（角川書店、一九七一（昭和四六）年六月）で『こゝろ』を取り上げ、「先生の「過去」は「人間の経験」（五十六）として、もっと大きな「新らしい命」（二）の流れに通じうるという永続する生命への、個我と個我を超えたものの連続への予期が確かに先生の中にはある。」と述べ、ベルクソン（後述）の影響も指摘する。漱石はベルクソンに詳しく、ベルクソンと寅彦に類似を感じるとすれば、漱石の影響も大きいだろう。

[16] 第三回の漱石全集が大正一三年に、また「備忘録」執筆約一年後の昭和三年には漱石全集の普及版が出版されており、寅彦も普及版月報に「夏目先生の俳句と漢詩」を寄稿している。また、『柿の種』の「女の顔」（「渋柿」昭和六年一月）にも漱石全集を読んでいたと思しき記述が見られる。

[17] これはジョージ・メレディスの一八七七（明治一〇）年の講演「On the Idea of Comedy and the Uses of the Comic Spirit」（喜劇の観念と喜劇的精神の効用）を指していると思うが、この講演はのちに『喜

劇論』(一八九七(明治三〇)年)として出版されている。

[18] 『草枕』には『ビーチャムの生涯』(一八七六(明治九)年)の一節「情けの風が女から吹く。(後略)」(九)が見られる。

[19] 小宮豊隆「寅彦と俳諧」(『寺田寅彦全集』月報七、岩波書店、昭和二五年一一月)。

[20] 誓子と秋櫻子はのちにホトトギス俳句批判として連作の考えを示した。秋櫻子は予め事件的経過を描こうとし、自己の感情の動きを写そうとする誓子と対立。誓子はモンタージュ理論などを援用して作句するようになるが、それは寅彦の「備忘録」発表の後である。(松井利彦『近代俳論史』桜楓社、一九六五(昭和四〇)年九月)。

[21] 一九世紀ドイツの哲学者。精神物理学のフェヒナーの法則や、「身体に対する心」のような「宇宙に対する宇宙霊」を考えた。

[22] 重松泰雄「漱石晩年の思想(上)――ジェイムズその他の学説を手がかりとして――」、「文学」第四六巻九号、岩波書店、一九七八(昭和五三)年九月。

[23] 寅彦は続けて、ルクレティウスの詩編から「宇宙はまた、多数「劫年」を経て保存された後、ひとたび適合した運動に投じこまれるやいなや、次のような現象を呈するにいたる」という部分を英文で引用している。(本書での訳は、ルクレーティウス著、樋口勝彦訳『物の本質について』(岩波書店、一九六一(昭和三六)年八月)に拠った。)「劫年」とはストアー派で考えられていた、天体をはじめ万物が宇宙の生誕時と全く同じ位置に移行・復帰する期間のこと。寅彦は更に、「これは云い換えると、偶然の産物に

［25］［24］

或る「選択の原理」が作用する事を意味する。この選択を行う魔物は何であるか」と続け、イギリスの物理学者マクスウェルが提唱した思考実験に登場する〝架空の魔物〟（デモン）のことを、ルクレティウスが暗示していたのではないかと指摘している。寅彦は「回生の喜びを与えるべき別の「理」」を示唆するものとしてこのデモンの存在を挙げているが、一方で現代物理学において、このデモンの問題は一世紀以上にわたる難問となり、情報科学につながる重要な知見が現在までに生み出されてきている。

宮山昌治「大正期におけるベルクソン哲学の受容」、「人文」四号、二〇〇六（平成一八）年。

日記に「スチゥワルトのベルグソン批評を読む」（大正五年一月二日）、「午後早く帰宅　ベルグソン読む」（一月七日）とあるのは、時間を空間化しているというベルクソンの説を紹介した「時の観念とエントロピー並びにプロバビリティ」（大正六年一月）に関わるものか。日記中のベルクソン批評本はJ. M. Kellar Stewart, *A Critical Exposition of Bergson's Philosophy*, 1911. と見られ、大正五〜一一年頃の手帳（全集第二三巻一六〇―一六一頁）にこの時のものと見られる覚え書きがある。また、寅彦は随筆「笑」で、ベルクソンの『笑』について「なるほどおもしろい本である」と言いつつも、「しかしこれを読んだために私がここに書いた事の一部を取り消したり変更する必要は起こらなかった。」と書く。この頃の寅彦の小宮あて書簡（大正一〇年一〇月二八日）には、「「笑」といふのを書き上げた処が、今日丸善からベルグソンを届けて来た」とあり、同日の日記にも「Bergson, Laughter 届き夜半分位読む」とある。寅彦は「笑」で、「私の問題は「対象なき笑い」から出発して、笑いの生理と心理の中間に潜む鍵を捜そうとするのであるが、ベルグソンはすっかり生理を離れて純粋な心理だけの問題を考えているのである。」と書く。

漱石は「文芸の哲学的基礎」の中で「心理学者のやる事は心の作用を分解して抽象してしまう弊がある」と書き「この抽象法を用いないで、しかも極度の分化作用による微細なる心の働き（全体として）を写して人に示すのはおもに文学者がやっている」と述べたが、寅彦もまた具体例から出発し、それを抽象化せずに生理と心理の中で解き明かそうとしていることは興味深い。当時の寅彦の哲学に関する興味は、窮理舎ホームページ（「窮理」備忘録の「寺田寅彦とアインシュタイン」）に整理されている。

[26] 澤瀉久敬、注（一五九頁）ベルクソン講演録「意識と生命」（明治四四年五月二九日）、『世界の名著五三　ベルクソン』中央公論社、一九六九（昭和四四）年三月。なおジェイムズも「人間における或る盲目性について」で喜びについて述べ、『多元的宇宙』第七講で「生への歓喜」という言葉を使っている。

[27] 以下、ベルクソン『創造的進化』の訳は、合田正人・松井久訳『創造的進化』（筑摩書房、二〇一〇（平成二二）年九月）に拠った。

[28] 澤瀉久敬「ベルクソン哲学の素描」、『世界の名著五三　ベルクソン』中央公論社、一九六九（昭和四四）年三月。

[29] 小池澄夫・瀬口昌久『ルクレティウス『事物の本性について』――愉しや、嵐の海に』（書物誕生――あたらしい古典入門、岩波書店、二〇二〇（令和二）年八月）。

[30] 例えば寅彦とベルクソンの共通点に「鋭い喜び」という表現があるが、ルクレティウスは「肉体から苦痛を取り去れ、精神をして悩みや恐怖を脱して、歓喜の情にひたらしめよ、と?」（第二巻）と、人生に歓喜が重要であると書いており、これは二人にインスピレーションを与えたのではないかと思われる。なお、ルクレティウスに影響を受けた人物の中にはモリエールもおり、彼はフランスの天文学者、哲学

者、司祭であるピエール・ガッサンディに師事し、ルクレティウスの『物の本質について』の訳を試みた(現存せず)。先に漱石との関わりでこの作家について触れたが、「ルクレーティウスの抜萃」を遺したベルクソンもまた『笑』でモリエールについて言及している。(「ルクレーティウスの抜萃」の訳は花田圭介・加藤精司訳『ベルグソン全集』第八巻、白水社、一九六六(昭和四一)年二月に拠る。)

[31] ベルクソン、林達夫訳『笑』岩波書店、一九三八(昭和一三)年。

[32] 蔵書にはこの部分に「Division of Sound」「Difference from light」の書き込みが見られる(口絵参照)。これは「ルクレチウスと科学」(四)の、ルクレティウスの視覚の機巧を説明する基本概念「像」(image)から一歩進んだ、音の散乱や反射の気づき、また光と音の違い(影の有無)の指摘と関連するか。

[33] 寅彦は「ルクレチウスは読めば読む程現代の科学の根本に肉迫して居るを感じ、未来のあらゆる展開の方向が黙示されて居るやうな気がするので驚いてしまふ」(昭和三年八月六日、小宮あて書簡)と書いている。また、ベルクソンはルクレティウスの詩に対して、「かれの使う表現は相当ばくぜんとしたものであることは人も認めるであろう」(「ルクレーティウスの抜萃」Ⅳ)と評している。

[34] 細谷暁夫先生の解説が付された『寺田寅彦『物理学序説』を読む』(窮理舎、二〇二〇(令和二)年一一月)で、寅彦の哲学がどのようなものであったか、詳しく知ることができる。

[35] 樋口敬二「解説」(『寺田寅彦全集』第二巻　岩波書店、一九九七(平成九)年)、髙木隆司・川島禎子解説『科学絵本　茶わんの湯』(窮理舎、二〇一九(令和元)年五月)参照。

[36] 山田功・松下貢・工藤洋・川島禎子『寺田寅彦「藤の実」を読む』(窮理舎、二〇二一(令和三)年一二月)。

# 付録

# 金米糖　Konpeitô

寺田寅彦

　このごろは子供の楽しみ半分に食べるお菓子の種類が非常にたくさんにできた。ドロップス、ミルク・キャラメル、ゼリー・ビーンス……、オホホなどというものもできた。われわれの子供の時分にこれに相当したものでは蓬莱豆《ほうらいまめ》と金米糖の二つがあったぎりかと思う。菓子屋で聞いてみると近ごろはキャラメルなどの勢力が強くて金米糖などはあまり売れないから、これを製造する家《うち》は少なくなったそうである。これだけでもなんだか自分らはもう一時代前の人間だというような気がしていささか心細いしだいである。

　金米糖のこしらえ方を聞いてみると、ごく上等の砂糖を鍋で溶かしておいて、それに芥子粒《けしつぶ》を入れ、しゃもじのようなもので掻《か》き回していると、芥子粒を中心としてだんだんに砂糖が固まり、しだいにその大きさを増してあのような角《つの》ができるそうである。だいたいに丸い種をまんべんなく転がして、ひと皮ずつ大きくしてゆけば、ちょうど雪玉を転がすようにいつまでもおよそ丸い形を失わずに大きくなりそうなものであるのになぜあのような角ができるであろうか。

　数学や物理学の理論でよく〝理由不足の原理〟(principle of insufficient reason) というものを使って議論をすることがある。これを金米糖の場合に応用するとすれば次のようなことになりはしまいか。

――

「金米糖をまんべんなくすべての向きに転がすのであるから、その表面のどこが特別に高くならなければならないという理屈はない、それだから結果は丸い球《たま》になって、角などはできないはずである」とこういうことになりはしまいか。しかるに実際はあのとおりたくさんの角ができる。

　この角のできるわけはよくよく研究してみなければ

ば確かなことはいわれないが、たぶんは次のようなわけであろうと思われる。

粒が小さいうちには全体の温度があまり違わないであろうが、だんだん大きくなるにつれて球《たま》の中と外、また外側でも場所によって温度の不揃いができる。もとより大体には同じような温度であってもその面の上でところどころ少し温度の低い所があるとそこには早く砂糖が固まりやすいので少し高くなる。高いとがった所は低いくぼんだ所よりは冷えやすいからますます付きやすくなる。そういう順序でだんだんに角が発達するのであろうと思われる。

これだけの理由では角の数はいくつでもよいわけであるが実際には数がおよそ決まっている。これは砂糖の熱伝導率《ねつでんどうりつ》や、比熱《ひねつ》やそのほかいろいろの性質で決まるであろうが詳しいことはまだわからぬ。

ともかくも当り前のかんたんな理屈では、〝偶然〟というものの関係してくる現象を説明することのできぬということは金米糖の例でもわかるであろう。

いまの物理学では特別にこの方面の研究がまだあまり発達していないように思われる。

※本稿は、大正九年二月十九日にローマ字文で執筆した記録が日記に記されています。邦字起こしは『寺田寅彦全集』（第九巻、岩波書店）を定本としました。

# 金平糖

福島　浩

物理学の方面に於ける寺田先生の数多くの研究の中には、現在の物理学では全く問題にしていない様な対象に関するものも多い。物理学の既成体系等には全く捉われることなく、日常身辺にありふれた事柄に就いて迄も、極めて注意深い物理的の眼を以て観察された結果、多くの興味ある事実が見出され、更に独特の方法によって其等《それら》が研究されたのである。

此の様な研究の一つとして、古くから日本にありふれた「金平糖」に関するものがあり、此の研究は、其れが極めてオリジナルであり、且《かつ》「日本的」であるという点に於いて、全く先生ならではと思われるものである。

金平糖に就いては、既に先生が「続冬彦集」に於いて述べられ、更に其の後の随筆にも所々で注意せられているが、金平糖があの特異な形に出来上がる過程は洵《まこと》に不思議なものであり、然《し》かも其の角《つの》の数は略々《ほぼ》一定しているのである。

金平糖の心核となる可き或る小さな粒を数多く熱している鍋の中に入れ、これに適当な砂糖液をかけて攪拌《かくはん》すると、此の砂糖は心核のまわりに凝固する。此の操作を繰返し繰返し続けている内に、まわりに凝固した砂糖は自然にああいう形に生長して行く。角が出るという事には何の仕掛もないので、只自然にああなるのである。

金平糖の生成に関して注意すべき点は、従来の物理学に於ける取扱いに従って、極めて簡単に対称の考えを金平糖の生長の場合に当てはめれば、どうしても金平糖は角を出して生長する筈がない。あらゆる方向に対称ならば、球になる筈であらう。それが事実はあのような形になるのであるから、こういう考え方が誤っていることは明らかである。これは、あらゆる方向に対称であるということは、統計的平均に就いて始めて言われる可きであるのを、直ちに個体に当てはめてしまったのが第一の誤りであり、又《また》平均からのちょっとした異同が出来た場合に、其れが普通考えられるように、直ちに打消されることなく益々《ますます》助長される様な不安定の場合のある事を考慮に入れなかったのが第二の誤りである。

　実際、金平糖を調べて見ると、其れが其れ自身に相似に生長して行くことが分る。つまり、生成の過程に於いて平均からの偶然な統計的異同 Schwankung［注：揺らぎ、シュワンクング（独語）］、fluctuation が一度少しでも出来て、その為に出来た凸部（角の部分）が凹部よりも生長する割合が大きいのである。其のような物理的条件を窮めることも此の研究の一つの目的である。

　金平糖の角の数は、其の生長の過程に於いて始めの内は極めて少ないが、じきに略々《ほぼ》或るきまった数（約三十）に達する。然かも此の数は、其れの生長の同一段階にある個々に就いて可也《かなり》に一定している。金平糖の生成に類似の種々の実験の内で、或る条件の下に、或る心核のまわりに生長した石膏《せっこう》は、矢張り角を出して特異な形を示したが、其の角の数は約十一で金平糖の場合とは全く異なっていた。角の数を定める要素に就いても、先生は色々のお考えを持っていられた様であった。

　金平糖の生長の場合に重要な役割を演ずる個体のシュワンクングの問題は、従来の物理学では全く見捨てられていた様であった。先生のお言葉に従えば、一寸《ちょっと》歯が立たなかったので、見て見ぬ振りをして来たのであった。併し先生は此れを真面目に取り上げられた。シュワンクングを考慮に入れなければならない様な問題は、単に金平糖のみに止《とどま》らず沢山あることが先生により指摘され、研究されている。そして先生のすべての研究には、此のシュワンクングの精神が滲み通っている様に思われるのである。

　シュワンクングに関して先生は既に約二十年前に、「偶発現象の見掛けの週期性」なる論文を発表されている［注：Apparent Periodicities of Accidental Phenomena. *Proc. Tokyo. Math.-phys. Soc.*, 8, pp.492–496.

1916.]。此れを約言すれば次の様である。或る種の自然現象の内で、例えば或る体積内の気体分子の数、或いは或る時間内の地震の回数等という様に、其れの起る回数が、空間若《も》しくは時間の或る範囲で全く任意に分布され、然《し》かも或る定まれる平均数を保持しているという様なものを考える。此等の回数は、空間的若しくは時間的に並べられた時には、勿論すべて同じ数が表れるものではなく、其の配置は極めて不同なものであろう。併し此の不同さ―シュワンクング―は一見全く不規則の様ではあるが、統計的見地からすれば、或る定まれる方則に従うことが分るのである。更に詳しく云えば、其の材料を十分多く採った場合には、其の配列に於ける其の数の相続く極大間の平均間隔は或る定まれる値になる、というのである。

先生が実際の例に就いて調べられた結果を見るに、例えば、粍《ミリ》目方眼紙に全く出鱈目《でたらめ》に（尤もなるべく一様になる様に注意はしておくが）鉛筆の尖《さき》で印をつけ、此の紙の中央部から或る大きさの正方形を切り抜いた時、其の縦横の罫線にのっている印の数、或いは東京帝国大学の各学科の卒業生の数、或いは其の発生を全く偶発的と見做した場合の各地の地震回数、或いは或る場所で或る時間内に降った雨滴の大いさ等々に就いて、其等《それら》の（空間的若しくは時間的の）平均値を中心としてのシュワンクングの週期は夫々《それぞれ》の場合に於いて、三乃至《ないし》四であることが見出されている。換言すれば、例えば、鉛筆の印の場合に就いて云えば、三、四本目おきの罫線に其の印の数の極大が表れ、或いは地震回数に就いて云えば、或る地に起った地震の一ヶ月ずつの数をとれば、三、四ヶ月毎《ごと》に其の極大が表れ、又《また》一ヶ年ずつの地震数をとれば、三、四ヶ年毎に其の極大が表れるのである。

此の見掛けの週期を表す数値は、渡邊孫一郎博士が数学的に計算された結果と極めてよく一致しているのである［注：M. WATANABE, *Proc. Tokyo. Math.-Phys. Soc.*, 8, 1916.］。

此の単なる見掛け上の擬似的週期は地球物理学的

諸現象にはよく表れるものであって、先生はこれと真の物理的意義を有する週期とをはっきり区別して誤らざるよう戒められた。此の発見は、地球物理学の諸方面に於いても、其の絶大なる重要性を唱われているいると聞いている。

此の問題の卑近を一例として、先生が先年市内電車に就いて考えられた事がある。其れは「万華鏡」に載っているが［注：「電車の混雑に就て」］、要するに、市電の満員の程度には時間的に見て可也《かなり》な律動が見られるというのであって、前述の理論から推せば、長い線路の上に始め等間隔に配列された電車が運転につれて次第に間隔に不同を生じ、其の結果、大体に於いて平均三台目か四台目毎に目立って遅過ぎるもの或いは早過ぎるものが来ることになる。そして少し後れて来た電車は早目に来た電車よりも統計的に多数の乗客をのせなければならない。其の結果、込んだ電車は益々込んで来るという事になる。或る場所で先生が実際に観察された結果によれば、大体に於いて長い間隔の後には比較的込んだ電車が来、約三、四台おきに込んだ電車が来る事が確められたのである。

先生は最近約十年間東京帝国大学理学部に於いて、「物理学に於ける統計現象」なる題目の下に、此のシュワンクングの理論の講義をされた。自分も其の講義を聞いた一人で、今日其のノートを取り出してめくって見ていると、其の頃の教壇に於ける先生のお姿がありありと浮んで来る。「銭《ぜに》を投げて見ると」と言われながら、いきなりポケットから財布を取り出され中から五十銭銀貨を一つ撮《つま》み出し、ポンと机の上に投げ出された。其の時の御様子は全く先生独特のものであり、我々は何という事なく皆微笑を禁じ得なかった。講義の説明にはいつも極めて卑近な例をとられた様で、デパートへ入る人数と其処《そこ》の売上額という例が出たり、銀座通りを歩く人の群のお話が出たり等した。余りに思い掛けぬ例が出て、我々はたまらなくなってつい笑ってしまった事も度々であった。

先生の思い出はそれからそれへと少しも尽きない

が、以前市内の或る金平糖製造元［注：当時の浅草区向柳原町一の三八、石川初太郎氏］へお伴した時に、こんな事があった。先生が名刺を出されて、学問上の必要で金平糖をつくる作業を見せて貰い度いと言われたが、先方にはどうも難色があった。そこで、それなら此の学生（其の頃自分は未だ学生であった）に見せてやってくれ、と言われた所、やっと先方は承知して、其の作業を見せる日を約束してくれた。此の店を出られてから、先生は、どうも背広を着た髭の親爺は信用がないものと見え警戒される。大地震後の火災の調査の時にもそういう経験をした。其の時も制服の学生の方が信用されたが、今日も矢張りそうであった。という意味の事を切りに言われた。此の時は理研の前から円タクに乗って行ったのであるが、其の店の少し手前でわざと車を止めさせ、其処《そこ》から歩いて行かれた。後から考えれば、こういった所にも色々のお心遣いがあった事と思い合された。矢張り其の時の車中で、日本人は外国語の勉強の為に大変な損をしている。これは専門的の研究が遅れている事の一つの大きな理由と思う。という意味のお話をされ、更に「日本的」の研究を盛んになす可き事に就いても色々とお話があったのをよく覚えている。

以上は先生の数多くの研究の内のほんの一端を述べたに過ぎないのであるが、それとても尚、意味をとり違えて却って先生の輝かしい業績に傷をつけたりした個所があるかも知れない。そういう事を極めて恐れるのである。

（『思想』昭和十一年三月号、第百六十六号「特集 寺田寅彦追悼号」掲載）

# 科学物語　線香花火のひみつ

中谷宇吉郎

いよいよ夏になって、また、たのしい夕すずみのときがきた。

夏の夜、すずしい風に一日中の汗がすっかりひいて、えん台の上やえんがわのさきで、みんなが夕すずみをしながら、いろいろな話をする。

そういうときに、みんなのたのしい友だちになるものの一つに、線香花火がある。線香花火は、みなさんの友だちであるばかりでなく、みなさんのおとうさんやおかあさんの友だちでもあった。さらにおじいさんやおばあさんの子供の時代、いやもっともっと昔から日本の子供たちは、夏の夜のひとときを、線香花火とともにすごしてきたのである。

線香花火の一本をとって、まずそのさきに火をつける。火はすぐ紙にもえうつって、ぷすぷすといぶりだす。やがて火薬に火がついて、小さい焔《ほのお》がいきおいよくとびだし、その中からまっ赤な火の球がでてくる。

火の球は、はじめはしずかにもえつづけているが、やがてこまかくふるえだす。その頃に火の球をよく見ると、全体がぐつぐつとにえたっていて、注意すると、なにか目に見えぬくらいの小さいものがほとばしりでているように感ぜられる。なにかのつよい力《エネルギー》が、火の球の中でうずまいているようである。

沈黙がしばらくつづく。

すると、とつぜん火花の発射がはじまる。目にもとまらぬ速さで発射される小さい砲弾が、目に見えぬ空中の何ものかにしょうとつして、くだけちるように、その砲弾はばく発する。これは松葉火花である。

松葉火花は、しゅっという音とともに一発発射される。一しゅん止《や》む。また、しゅっとでる。しゅっ、しゅっと、火花はしだいに大きく、美しく、つぎつぎと発射される。線香花火は、火花の反動で、ぶるぶるふるえる。松葉火花はその美しい姿の頂点にたっする。

やがて、その火花がすこし間遠《まどお》になってくる。いきおいもややよわってくる。そして、火の矢のさきは、力よわくたれはじめる。砲弾はもはや、ばく発するだけのエネルギーをもたないように見える。空気の抵抗をおしやぶって直線状に進む力がなくなるので、やがて重力にひかれて、たれおちるのである。

松葉がだんだんでなくなると、ちょっと一やすみした形で、こんどは「ちり菊」の花べんのようなやさしい短い火花が、はらはらとちってくる。柳の葉のような形ともいえるので、「柳」と名づけている子供たちもある。「ちり菊」はごく短い時間だけでおわる。これがすむと、火花のエネルギーをはきつくした火の球は、力なくポトリとおちる。それで線香花火の音楽はおしまいになるのである。

みなさんは、線香花火をそれほどめずらしいふしぎなものと思ってはいないでしょう。あれは子供のあそびで、あれくらいのものは、世界中どこにもあると思っているでしょう。しかし線香花火というのは、日本には昔からあるものですが、外国にはない花火なのです。これこそ日本独特の花火であって、こういうやさしい美しい花火を発明した私たちの祖先の人は、ふしぎな力をもっていたといっていいでしょう。

外国にも花火はたくさんあります。この頃おもちゃ屋の店さきで売っているいろいろな花火は、ほとんど外国流の花火で、そのすみにおとなしくつつましやかにころがっている小さい線香花火だけが、日本独特の花火なのです。外国流、もちろん中国で発明されたものをふくめて、それらの花火には、たとえば電気花火などのように、火をつけると、すぐに、まばゆい光をだし、ぼうぼうともえつづけ、その間、はじめからおわりまで、光のつよい火花をたくさんだしつづけるものとか、火の球をぽーんと空高く打ちあげるものとか、はなばなしい花火がいろいろあります。それらの花火にくらべては、線香花火はいかにもつつましく、光もよわく、みすぼらしく見えますが、しかし電気花火などは、ただまぶしい光の火花をたくさんだすというだけで、松葉火花のようなふしぎなばく発もおこさないし、ちり菊のようなやさしさもない。

松葉火花を一どよく見てみましょう。いったい、こういうばく発がどうしておこるのでしょうか。小さい砲弾が、空中の一点でばく発して、たくさんの小さい火花にちる。そのちった火花が、またそのさきでばく発する。中には三段のばく発をするものさえある。松葉火花の形の複維さと美しさとは、そのばく発によるのである。それがちり菊になると、まったく、ばく発をおこさない。いったい、こういうちがいがどこからくるのだろうか。そういえば、にえたぎっている火の球から火花を一つずつつぎつぎと発射するのは、どういう作用によるのだろうか。そういうことはよく考えてみると、なかなかおもしろい問題ではありませんか。

いったい線香花火はどうして作るのだろうか。これは、じつにかんたんなもので、硝石と炭の粉と硫黄とをまぜたものを、こよりのささにまきこんだだけである。硝石と炭の粉と硫黄とをまぜた粉は、いわゆる黒色火薬である。だから線香花火は、力のよわい火薬を少しこよりにまきこんだものといっていい。

その火薬がもえるときに、なにかの理由で火花がとびだすのであるが、その火花がなんであるか。それには火花をとらえてみるのがいちばん早道である。線香花火がさかんに松葉火花をだしているときに、その火の球の近くにガラス板をもっていって、その上に火花をうけて、けんび鏡でのぞいてみる。そうすると図1のような黒いもようが見える。そのもようの中で二つがひじょうに大きくて、四方にとびちったような形をしている。そのほかに小さい黒い円もたくさん見られる。この写真ではよくわからないが、もっと大きくしてみると、この黒いもようは、炭の粉のあつまりであることがすぐわかる。その粉はひじょうにこまかいもので、直径が一ミリの

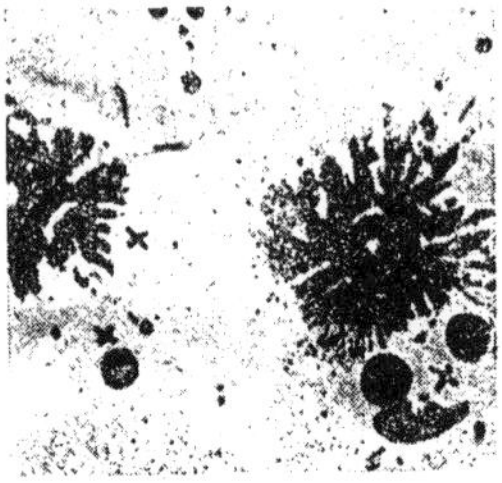

図１　ガラス板にうけた線香花火の火花

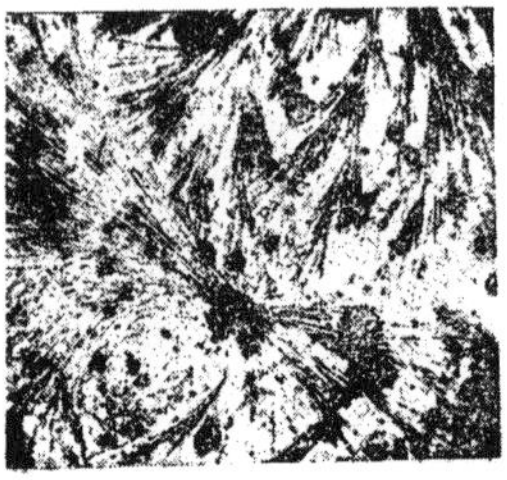

図２　火花の透明物質の結晶

二千分の一くらいである。ところで、おもしろいことは、この炭の粉のあつまったかたまりのまわりには、かならず白い透明な物質があることである。図1で×印でしめしてあるものが、それである。これは線香花火の火の球の中にある化学薬品のどろどろにとけたものであろう。

　ということは、けんび鏡でのぞいていると、この白い透明な部分から、だんだん薬品が結晶してくるのである。その結晶は水にとけやすいもので、けんび鏡の下においたまま、はっと息をはきかけると、それだけですぐとけてしまう。しかし、しばらく待っていると、また結晶ができてくる。こんどは図2に見られるような糸のような形の結晶である。

　この物質がなんであるかは別問題として、線香花火の火花は、ひじょうにこまかい炭の粉が、たくさんあつまって、ある化学薬品のとけたものの中にうずまったものであることがわかる。炭の粉だけをもやしたのでは、ただもえるだけで、松葉火花のようなばく発はおきない。それで、このとけた透明な化学薬品が問題である。

　いちばんかんたんな考えは、それははじめに入れてあった硝石であろうという想像である。それならば、この火花の透明物質を水にとかして、その液の中に硝石の成分である硝酸根《しょうさんこん》があるかないかはすぐ分析できるはずである。ところが、しらべてみると、硝酸根はほとんどないことがわかる。念のため、線香花火の中にある黒い粉をとりだし、それを水に入れてかきまぜ、こし紙でこした液、すなわち水にとける成分をとかしだした液について試験してみると、硝酸根がたくさんある。

それならば、ジリジリとにえたぎっているあの火の球の中ではどうであろうか。まさに松葉火花を発射しようとしている火の球を急に水の中におとして、その溶液をしらべてみる。ところがその中では、もう硝石の成分はほとんどのこっていないのである。

硝石を赤熱《しゃくねつ》すると分解して酸素をだし、それが硫黄と炭素とをもやして、たくさんのガスを発生させる。それが黒色火薬のばく発の原理である。線香花火は、その成分は黒色火薬とおなじであるが、その成分の混合のわりあいがちがうので、火薬ほどいっぺんにばく発してしまわないのである。硝石が分解して炭素と硫黄とをもやしながら火の球の温度がだんだんあがる。

十分火の球の温度があがったときに、松葉火花がではじめる。火の球を注意してみていると、できはじめは、まだにぶい赤色に光っているが、そのかがやきが少しましてくると、すなわち温度があがってくると、松葉がではじめることがわかる。赤熱された高温の物体からでる光のつよさをはかって、その温度を知る器械があって、それを光学高温計という。この光学高温計で、火の球の温度をはかってみると、火の球はできはじめは八五〇度くらいであるが、だんだん温度があがって、九四〇度くらいになると松葉火花がではじめることがわかる。そして、だいたいその温度で松葉をだしつづけているが、やがて、またもとの八五〇度くらいにさがる。そうすると火花がでなくなって、やがて消えてしまう。

火花が火の球からとびだすのは、こういうふうに、火の球の温度と、ふかいかんけいがある。火の球の温度は、その化学変化できまる。それでは、あのにえたぎる火の球の中で、どういう化学変化がおきているのかが、つぎの問題となる。

硝石はあの火の球の中では、ほとんど分解してしまっている。それでは、なにができているのであろう。そういうことは、じつはまだよくわかっていないのである。今日のように科学が進歩していて、それくらいのことがわからないというのはおかしな話であるが、まだだれも研究していないので、よくわからないのである。

ちょっとためしたところでは、こういうことがわかっている。硝石が分解して酸素をだし、そこに硫黄があるのであるから、硫酸塩《りゅうさんえん》ができそうである。それでその方をしらべてみると、はじめの線香花火の火薬の中ではもちろん見あたらない。ところが、にえたぎっている火の球を水に入れた溶液の中には、少しではあるが硫酸塩ができている。また松葉火花のまわりの透明物質の中にも、硫酸塩があることが知られた。それで松葉火花の本体である小さい砲弾は、火の球の一部がちぎれてとびだしたものであることがわかった。

このような実験から、線香花火の火花は、黒色火薬のばく発によく似たガスを発生することによって、火の球の一部がちぎれてとびだすものであることがわかったわけである。もっともそういうことが、火の球の中で一様におきれば、球は一時にばく発して、とびちってしまうはずである。時間をおいて、しゅっ、しゅっと火花が発射されるのは、火の球の中でそういうことがふぞろいに進行して、部分的に小さいばく発がおきるからである。

その小ばく発で、火の球の一部がちぎれてとびだすと、そのかけらが空気中をとんで行く間に、酸化によって、またしだいに温度があがる。それがある温度になると、急な燃焼すなわちばく発がおこって、とびちる。それが松葉火花のできる理由であろう。このときある温度になると急にばく発するためには、炭素の粉が、なにかのとけた物質の中にうずまっている必要があるのである。炭素の粉だけでは、ただもえるだけで、こういうばく発はおこらない。

そして、線香花火のおわりになると、火の球からとびだしたかけらが、もはや、ばく発をおこすだけの力をもっていないので、ちり菊火花でおわってしまうのであろう。

こういうふうに考えてみると、線香花火の火花の中には、ずいぶんいろいろなことがかくされている。それに今までの説明では、まだ不十分な点がたくさんある。たとえば、どうして火の球の全体が一どにばく発しなくて、つぎつぎにそんな小ばく発がおきるのか。そのときのかけらがある温度にのぼると次のばく発をするといったが、それは何度であるか。また、その温度をはかることができても、その温度になると次のばく発がどういうふうにおこるのかなど、わからないことがたくさんかくされているのである。

線香花火のことは、じつは、これ以上はまだどの学者も研究していないので、まったくわからない。みなさんは、今日原子ばく弾さえできているのだから、身のまわりにおこることなどは、なんでもよくわかっているとおもっているかもしれない。しかし、それはまちがいであって、われわれのまわりには、まだよくわからないことがたくさんあるのであって、線香花火などが、そのうちのよい例なのである。

（昭和二十二年五月十三日）

（『少年』昭和二十二年七月号、第二巻七号掲載）

※本稿は後に、『霧退治―科学物語』（岩波書店、昭和二十五年）に「第一部　第五章　線香花火」として、新たに挿絵も交えて収載されました。

# 線香花火

中谷宇吉郎

もう十年以上も前のことであるが、まだ私が大学の学生として寺田先生の指導の下に物理の卒業実験をしていた頃の話である。其の頃先生はよく新しく卒業して地方の高等学校等へ奉職して行く人に、金や設備が無くても出来る実験というものがあるという話をして、そういう「仕事」を是非試みて見るようにと勧められていた。それ等の実例として挙げられた色々の題目の中には何時も決って線香花火の問題が一つ含まれていたのであった。

線香花火の火花が間歇的にあの沸騰している小さい火の球から射出される機構、それから其の火花が初めの中《うち》は所謂《いわゆる》「松葉」であって、細かく枝分れした爆発的分裂を数段もするのであるが、次第に勢いが減ると共に「散り菊」になって行く現象が余程《よほど》先生の興味を惹《ひ》いていた様であった。それ許りで無く先生の持論、即ち日本人は自分の眼で物を見なくていかぬという気持が、此の様な日本古来のものに強い愛着の心を向けさせた事もあった様に思われる。先生が此の種の金のかからぬ然《しか》し新しく手を付けるべき問題に就いて其の実験の道を指示される時には、実に明確に其の階程を説き尽されるのであって、明日からでもその通りに手を付けさえすれば、必ず一応の所迄《まで》は誰にでも出来る様に「教育」されるのであった。ところで毎年四月、先生の家の応接間の一夕、此の教育を受けては、「成程《なるほど》線香花火は面白い様ですから早速やって見ましょう」といって出掛けて行った数人の人々から其の後何の知らせも無いのが例であった。こんな事が毎年毎年繰り返されている中に、到頭《とうとう》之は自分の所でやらねばならぬと先生が癇癪を起されたのであった。此の事は随筆の中にも書かれている筈である。

丁度《ちょうど》夏休みの頃で、Y君［注：湯本清比古氏］と二人真裸体の上に白衣を着て、水素の爆発の写真を撮っていた。午後の暑い真中に何時もの様に其の実験室へ這入って来られて、暫く話の末、「どうです、此の暑さじゃそう勉強しちゃとても耐《たま》りませんよ、一つ銷夏法《しょうか》だと思って線香花火をやりませんか」ということになった。少々前からの実験に手を焼いて居た矢先でもあり、早速線香花火の方へ取りかかることになった。先《ま》ずすべき事は線香花火を買って来ることであるが、それは五銭位買えば先ず夏休み中の仕事には十分であった。それに写真器と顕微鏡とが揃えば当座はそれで実験が始められるのである。

先ず線香花火を一本取り出して火を点《つ》けて其の燃え方を観察してみる。初め硝石と硫黄との燃焼する特有の香がして、盛んに小さい焔《ほのお》を出し乍《なが》ら燃え上がり、暫くして火薬の部分が赤熱された鎔融状態の小さい火球となる。其の火球はジリジリ小さい音を立てて盛んに沸騰し乍《なが》ら、間歇的に松葉を放射し始める。そして華麗で幻惑的な火花の顕示《ディスプレイ》の短い期間を経ると、松葉は段々短くなり、その代りに数が増して来て、軈《やが》て散り菊の章に移って静かに消失するのである。沢山の花火に就いて一々それ等の時間を測定して其の平均をとって先ず標準的の線香花火の火花の過程を記録する。

それで火花の実体を見るために、硝子板を火球に近づけて、火花を其の上に受けて顕微鏡で覗くと云う仕事を始める。直ぐ分った事は、此の火花は非常に細かい炭素粒の塊が或る種の塩《えん》らしい透明物質に包まれたものであるということであった。それで火花の松葉形の分裂は此の透明な高温の鎔融物質中に包まれている炭素粒が途中で爆発的の燃焼を起して、此の塊を四散させる為だろうと云う事位《くらい》は見当を付けることが出来たのである。次には此の火花の写真を撮って分裂の模様を見るというのが順当な経路である。ところが此の赤味がかった光の弱い火花の写真を撮るということが、此の頃の様に速いパンクロマチックの乾板の得られなかった当時ではなかなか容易な業では無かった。到頭夏休み中かかって微かな火花の痕跡の写真が撮れると云う所で満足するより仕方なかった。それでも「何も写らないと云う間が一番苦労なので、どんなに微かでも何か写りさえすれば、其の後立派な写真が撮れる様になる迄の事はわけは無い」と云われる先生の言葉に安心して、此の実験は一先ず切り上げということになった。

次の年の夏が来て、又《また》線香花火の時期となった。その年の春大学を出て理研で引続いて先生の実験を手伝っていた私の所へ、東北大学の物理の学生S君［注：関口譲氏］がやって来て、何か夏休み向きの実験をやりたいという話があった。丁度良い所だったので二人で線香花火の写真を撮り出した。狭い暗室の中に閉じ籠って硫黄の香に咽《む》せ乍《なが》ら何枚も何枚も写真を撮って見る。その上乾板の感度を高める為にアンモニアを使うので、換気の悪い暗室の中は直ぐ鼻をつく瓦斯《ガス》に充満されて了《しま》う。その様な感覚的の記憶は年を経ると共に、苦痛の方面が段々薄らいで、懐しさの思い出に変って行くのも面白い事である。尤《もっと》もそれには単に感覚的の記憶という以外に、其の頃のひたむきな気持と肉体的の健康さとに対する愛惜に近い気持が手伝っていることもあるのであろう。

其の様な事を二週間許り続けている中《うち》に、何処《どこ》を際立って改良したと云う事もなしに段々良い写真が撮れる様になって来た。松葉の火花の美しさは単に爆発の際に非常に沢山の数に分裂すると云う以外に、此の時四散した小火花が更に第二段、第三段の爆発をする事に依るという点も納得出来た。写真を撮ることが出来る様になれば、今度は乾板を廻転し乍《なが》ら其の上に火花の像を結ばせると、火花の速度を測ることが出来る。此の様な場合、普通は廻転ドラムに捲きつけたフィルム上に写真を撮るのであるが、此の場合の様に感光度の極端に大きい事の必要な時には、乾板を廻す装置を作った方が良いのである。第一費用も十分の一位で済む。火花の速度は案外小さく、普通は平均毎秒六十糎《センチ》位のもので、火球を飛び出してから最初の大爆発迄《まで》の時間は十分の一秒程度のものである。之等《これら》の数値は線香花火の火花の化学変化を調べる時に大切な値となるであろう。速度が案外小さいことは、夏の夜の縁側で、僅か許りの涼風にも此の火花が可成り吹き流されることからも見当の付く事である。

次に調べる事は、火花の射出及び爆発の際のエネルギーの源、即ち其の化学変化である。線香花火は硝石、硫黄、炭素の粉をよく混じ《[雑ぜて]》て磨り合わせたもので、之を日本紙の紙撚《こより》の先端に包み込んだものである。前に、その外に鉄の粉も混じ《[雑ぜて]》てあるという話も聞いたことがあるが、現在普通市販のものには鉄ははいっていない様である。此の日本紙の紙撚というのも重要な意味があるのであって、沸騰している火球を宙釣りにして保つには紙がなかなか大切なのである。薄い西洋紙で線香花火を作って見たが、火球が出来ると同時に紙が焼け切れてどうしても駄目であった。此の事等も此の花火が西洋に無い理由の一つかも知れない。火球の中での化学変化を見るには、沸騰して居る火球を其の各段階で急に水の中に落して其の溶液の定性分析をすることと、硝子板に受けた火花を洗い取ってその液を調べることを試みた。化学者の眼に這入《はい》ったら、とんだ御笑い草になるかも知れないが、之で硝石が分解して酸素を供給し、硫黄と炭素粉の燃焼を助け、其の際急激に発生する瓦斯《ガス》で火花を射出する階程を見たつもりなのであった。

火球が酸化の為にどれ位の温度になった時に火花が出始めるかを見るのは一寸《ちょっと》厄介である。之には矢張り器械が要るので、熔鉱炉の中の温度等を測る光学的高温計を用いると理由《わけ》なく測ることが出来る。それは火球の明るさを電流を通じて赤熱した針金の明るさと比較して、其の時の電流の値から温度を知ると云う方法である。大学の工学部に此の器械があったので、線香花火を一把《いっぱ》持って行って其の器械を使わせて貰ったら、半日で片が付いて了《しま》った。其の結果によると、火球は出来初めは８６０℃位でその間は未だ火花が出ない。それが内部での硝石の分解による酸化と表面での酸化との為に暫くすると９４０℃位迄《まで》温度が上がる。そうすると松葉火花が盛んに出始めるのであるが、軈《やが》て又《また》温度が漸次下がって行って８５０℃位になると、火花が出なくなって間も無く消失するのである。それでは初めまだ温度が十分高くならぬ中に、アーク灯の光の熱線を火球の片側へ水晶レンズで集光したら其の側から先に火花が出始めるかという疑問が起る。早速やって見たが之はどうも予期通りに行かなかった。矢張り内部での化学変化が十分進行しない中は表面丈《だ》け少し温度が上がったのでは駄目らしい。然し此のアークで照らし乍《なが》らよく見ると、丁度《ちょうど》煙草を輪に吹いた時の様な煙の輪の非常に小さいもの、先ず南京玉［注：ビーズ等］位の煙の輪が盛んに火球の表面から放出されて居るのが見えた。之は火花としては眼に見え無い位の極微の鎔融滴が盛んに射出される為と思われる。其の状態が進んで、化学変化がもっと激しくなると、温度の微変動《フラクチュエーション》ももっと大きくなり、ある一部で相当の大きさの塊を射出し得る位の瓦斯《ガス》発生を伴う変化が起り、その時射出された小滴が火花として眼に見えるのである。

此の頃電気花火という名前で販売されて居る西洋風な花火は、アルミニウムの粉を主として之に光を増す為にマグネシウムを少量加え、硝石其の他の燃焼を助ける物質を混じて糊で針金に固めつけたものである。此の花火では火球は出来ず、点火と同時に多数の火花を連続的に放出し続けて消えて了《しま》う。此の花火では松葉の様な複雑で美しい火花は勿論《もちろん》見られないし、火球がジリジリ沸騰している間の絢爛の前の静寂も味わわれない。松葉の美しさは単に炭素の粉が赤熱されて放出される丈けでは起らないのであって、空気中を或る距離丈《だ》け走って急激な爆発的の燃焼が起る迄は他の物質で包まれている必要があるのである。線香花火の場合には最も簡単な薬品の組合せで最も有効に其の条件が満されているのである。

此の年の夏休みがすんで、線香花火も先ず一段落というところ迄《まで》進んで一休みとなった。其の後私は急に外国へ行くことになった。倫敦《ロンドン》で先生から受取った手紙の一節には次の様な文句があった。

線香花火の紹介がベリヒテに出て居ますね。“Matuba” Funken や “Tirigiku” Funken が欧羅巴《ヨーロッパ》迄も通用する事と相成り、曙町の狸爺、一人でニヤニヤして居る姿を御想像被下度候《くだされたくそうろう》。

（昭和十一年十二月）

（『科学ペン』昭和十二年新年号、第二巻一号掲載）

※本稿は後に、『寺田寅彦の追想』（昭和二二年四月、甲文社）に収載されました。

# 寺田寅彦　略年譜

**明治十一（一八七八）年　一歳（数え年）（漱石十二歳）**

十一月二十八日、父寺田利正、母亀の長男として、東京市麹町区平河町で生まれる。姉（駒《こま》・幸《さち》・繁《しげ》）とは年が離れ、唯一人の男の子であった。長姉駒は別役《べっちゃく》雋《しゅん》に、次姉幸は伊野部正褒《まさよし》にそれぞれ嫁し、末姉繁は夭折（七歳）。父利正は高知県士族で陸軍会計一等監督。

**明治十二（一八七九）年　二歳（漱石十三歳）**

父の転勤で名古屋に家族も移る。

**明治十四（一八八一）年　四歳（漱石十五歳）**

父は単身で熊本鎮台に転勤。祖母、母、次姉と郷里高知大川筋の家に帰る。明治十八年まで、父に逢わず。（「重兵衛さんの一家」「郷土的味覚」「海水浴」等参照。寅彦の随筆は一部創作が含まれるが、当時の様子を再現していると思われる作品を以下案内する。）

**夏目漱石、二松学舎入学、漢学を学ぶ。**

**明治十六（一八八三）年　六歳（漱石十七歳）**

土佐郡江ノ口小学校入学。

**明治十八（一八八五）年　八歳（漱石十九歳）**

父の東京転任に伴い、一家上京、麹町区中六番町に住み、番町小学校へ通う（「銀座アルプス」参照）。

**明治十九（一八八六）年　九歳（漱石二十歳）**

父の予備役編入に伴い、五月に一家は東海道を人力車に乗って高知へ帰る（「車」「明治三十二年頃」「箱根熱海バス紀行」参照）。江ノ口小学校へ転入。言葉が違うことで村童にいじめられる。**漱石、第一高等中学校（旧大学予備門）の進級に落第（以降卒業まで主席を通す）。**

**明治二十二（一八八九）年　十二歳（漱石二十三歳）**

祖母政が死去（七十四歳）（「糸車」参照）。

**明治二十三（一八九〇）年　十三歳（漱石二十四歳）**

隣家に住む重兵衛さん（山本重蔵）の長男楠次郎さん（山本楠弥太）に英語を教わり、読書の世界も広がる（「読書の今昔」参照）。父が東京博覧会見物の土産に幻灯器とスライドを買ってくれる（「映画時代」参照）。また、この頃身体が弱く、お灸や医師の世話になった（「自由画稿　七　灸治」「追憶の医師達」参照）。

**明治二十四（一八九一）年　十四歳（漱石二十五歳）**

七月末、高知県立尋常中学校の入学試験に失敗（翌年合格し、成績抜群により二年生に編入。「吾が中学時代の勉強法」参照）。八月頃、肺尖カタルで休学（「試験管　七　匂いの追憶」参照）。十二月頃、ライヘルト製（独）顕微鏡を買ってもらう。

**明治二十五（一八九二）年　十五歳（漱石二十六歳）**

高知県立尋常中学校入学。『佳人之奇遇』『経国美談』『帰省』『レ・ミゼラブル』『リンカーン伝』などに印象を受ける。中学時代から地理学だけは特別な興味を持つ。

**明治二十六（一八九三）年　十六歳（漱石二十七歳）**

十二月、甥の別役励夫《れいふ》と室戸岬に初旅行をし、東寺《ひがしでら》に参詣する（「初旅」参照）。

**明治二十九（一八九六）年　十九歳（漱石三十歳）**

七月、中学校を主席で卒業。九月、熊本第五高等学校入学。四月に就任した漱石に英語を、田丸卓郎に数学と物理学を学ぶ。入学当初は父の勧めで造船学をやったが、製図に興味が持てず、田丸に相談し、中学五年時の希望どおり物理（理科）に転向（「田丸先生の追憶」「夏目漱石先生の追憶」参照）。この頃からイギリスの科学雑誌Natureを購読する。**漱石、**六月に中根鏡子と熊本で結婚。

**明治三十（一八九七）年　二十歳（漱石三十一歳）**

七月、阪井夏子（十五歳）と結婚（挙式は夏休み中の七月二十四日）。当時の下宿生活は「花物語」等参照。

**明治三十一（一八九八）年　二十一歳（漱石三十二歳）**

五月、田丸卓郎の下宿でバイオリンを聴き、自分でも購入。漱石から俳句を学ぶようになり、漱石を通じて『ホトトギス』等へ投稿、掲載される。句作に病みつきになり、週に二三度も漱石の家へ通いつめ、書生に置いてもらえないか相談までした。この年から翌年にかけて漱石に見て貰った句は莫大な数に上る（「思出草」「夏目先生の俳句と漢詩」「夏目漱石先生の追憶」参照）。

**明治三十二（一八九九）年　二十二歳（漱石三十三歳）**

七月、第五高等学校を卒業。八月末、東京帝国大学理科大学物理学科入学のため上京（「東上記」参照）。九月、漱石の紹介で根岸の正岡子規を訪ねる（「根岸庵を訪ふ記」「明治三十二年頃」参照）。その後、谷中の頤神院に下宿（「半日ある記」参照）。『ホトトギス』に「星」「祭」が掲載される。

**明治三十三（一九〇〇）年　二十三歳（漱石三十四歳）**

春に高知から妻夏子を呼び、本郷区西片町に家を持つ。七〜八月、熊本より東京に引上げた漱石と子規の三人の交流が深まる（「子規自筆の根岸地図」参照）。**九月、漱石、イギリス留学。**同月、田丸卓郎が東京帝国大学助教授となり、再び教えを受けるようになる。『ホトトギス』に「神」「車」「窮理日記」が掲載される。十二月、夏子、喀血。

**明治三十四（一九〇一）年　二十四歳（漱石三十五歳）**
二月、夏子を小石川植物園へ連れていき、団栗を拾う（「団栗」参照）。同月、夏子、高知種崎へ療養に帰る。五月、長女貞子が生まれる。九月、寅彦、夏休み帰省中に肺尖カタルを患い、須崎で療養（「嵐」「高知がへり」参照）。大学は休学となる（「雪ちゃん」参照）。**同月、子規『仰臥漫録』記録始める（翌年九月まで続く）。**十月、ロンドンの漱石から手紙をもらう。リュッカーの原子論に触発されて「僕も何か科学がやり度くなつた」と漱石に激励される。この年から翌年にかけて、療養中に作った和歌は生涯の半数を占める（手帳の句（習作）を除く）。

**明治三十五（一九〇二）年　二十五歳（漱石三十六歳）**
この年、アメリカ人宣教師モアーと知り合う。三月、田丸がドイツ留学。八月、夏子を見舞う（これが最後の会見となる）。この月末、高知を発って上京し、小石川区原町に仮寓。同時期、藤沢旅行中に中学時代の英語教師、蓑田長政と出遭う（「蓑田先生」参照）。**九月、正岡子規死去**（「子規の追憶」「高浜さんと私」参照）。十一月、夏子死去（二十歳）。十二月末、修善寺でレーリーの『音響学』を耽読する。

**明治三十六（一九〇三）年　二十六歳（漱石三十七歳）**
**一月、漱石帰国。**漱石宅に頻繁に出入、小品文などを『ホトトギス』に出す。七月、大学を卒業、大学院に進学。同月、文部省の委嘱により高知県下の海水振動の調査のため帰郷、九月、東京へ戻る。十一月、大学運動会でタイム係を務める（漱石『三四郎』）。

**明治三十七（一九〇四）年　二十七歳（漱石三十八歳）**
九月、東京帝国大学理科大学講師に就任。この年、初めて数篇の学術論文（音響学、磁気等に関するもの）を学術雑誌に発表する。また、高浜虚子の勧めで子規門下の文章会（山会）に参加した。

**明治三十八（一九〇五）年　二十八歳（漱石三十九歳）**
**一月、漱石『吾輩は猫である』連載開始**（『ホトトギス』）。八月、浜口寛子《ゆたこ》（十九歳）と結婚。十月、漱石と上野音楽学校の演奏会に行く（「蛙の鳴声」参照）。

十二月、小石川区原町十二番地に転居。この年、ドイツより帰国した田丸宅も頻繁に訪問するようになる。また、漱石に影響を受けて『ホトトギス』に小説等を書き始める（「団栗」「竜舌蘭」など以降多く発表）。

**明治三十九（一九〇六）年　二十九歳（漱石四十歳）**

四月、「尺八に就て」を数学物理学会で発表。**同月、漱石『坊っちゃん』発表（『ホトトギス』）**。八月、小石川区原町十番地へ転居。**九月、漱石『草枕』発表（『新小説』）**。十月、漱石の面会日が木曜午後三時以降と定められ、この会で松根東洋城、小宮豊隆、鈴木三重吉らと知り合う。

**明治四十（一九〇七）年　三十歳（漱石四十一歳）**

一月、長男東一が生まれる。**四月、漱石、朝日新聞へ入社。五月、漱石『文芸の哲学的基礎』発表（『東京朝日新聞』）**。七月、伊豆大島へ噴火口の調査に中村清二、石谷傳市郎と向かう（「詩と官能　二」参照）。九月、『東京朝日新聞』に「話の種」を寄稿、翌年十月まで続く。

**明治四十一（一九〇八）年　三十一歳（漱石四十二歳）**

一月、『ホトトギス』に藪柑子の名で「障子の落書」が掲載。以降、この筆名を小品文に使用するようになる。五月、大河内正敏と弾丸の写真を撮る実験を始める。六月、「太鼓に就て」を数学物理学会で発表。**同月、漱石『文鳥』発表（『大阪朝日新聞』）**。九月、「歳時記新註」を『東京朝日新聞』に連載（全九回、十一月まで）。**同月、漱石『三四郎』連載（『東京朝日新聞』）**。十月、「尺八の音響学的研究」に関する論文など（十一編の論文）で理学博士の学位を授与される。十二月、「気圧の勾配と地震の頻度との関係に就て」を同学会で発表。

**明治四十二（一九〇九）年　三十二歳（漱石四十三歳）**

一月、東京帝国大学理科大学助教授に任命される。**同月、漱石『永日小品』執筆**。二月、次男正二が生まれる。三月、宇宙物理学研究のためヨーロッパ留学（神戸港より出発、友田鎮三と地理学のペンク教授も同船。ベルリンまでの洋行は「旅日記から」参照）。五月、ベルリン大学でプランク等の講義を聴講（「ベルリン大学（一九〇九―一九一〇）」参照）。八～九月、気象学、海洋学を中心とする見学旅行のため、ベルリンを発って、北ドイツ、ロシア、北欧に向かう（ストックホルム工科大学でアーレニウスに会う。『史的に見たる科学的宇宙観の変遷』参照）。以降、各国各地の大学教室、気象台、研究所等を見学する（「異郷」参照）。この年、イタリア、ナポリで越年（詳細は「先生への通信」「二つの正月」参照）。

**明治四十三（一九一〇）年　三十三歳（漱石四十四歳）**

三月、**漱石『門』連載**（『東京朝日新聞』）。四〜五月、イギリス、ロンドンに滞在。六〜七月、漱石、胃潰瘍で入院（長与胃腸病院）、**八月に療養に出かけた修善寺温泉（静岡）で病状悪化、人事不省に到り、十月に再入院（『修善寺大患日記』『思い出す事など』）**。九月、スイスと南ドイツへ旅行。同月、内丸最一郎の葉書により漱石大患を知り、漱石宛に見舞いと旅行見聞の長文手紙を送る。十月、ベルリンからゲッティンゲンへ移り越年（「追憶の冬夜」参照）。同月、小宮豊隆の葉書により漱石の病状を知る。その後、十一月に漱石から葉書が届く（本書口絵参照）。

**明治四十四（一九一一）年　三十四歳（漱石四十五歳）**

二〜三月、ゲッティンゲンよりパリとブリュッセルを経由してロンドンへ移る（マンチェスターでラザフォードに会う）。五月、アメリカ、ニューヨークへ向かう（カーネギー研究所でフレミングに会う）。六月、帰国（横浜港へ到着）。**八月、漱石、関西講演の後、胃潰瘍再発し大阪で入院**。十一月、「地球内部の構造に就て」を日本天文学会例会で講演。同月、本郷区向ヶ岡弥生町二に居を定める。

**明治四十五・大正元（一九一二）年　三十五歳（漱石四十六歳）**

五月、次女弥生が生まれる。七月、大正に改元。**漱石、九月頃から書や南画風水彩画を始める**。十月頃、ラウエのX線回折現象に関する論文を読む。その後、医学部から装置を借りてX線解析の実験に取り組む。

**大正二（一九一三）年　三十六歳（漱石四十七歳）**

一月、『海の物理学』（Umi no Buturigaku）ローマ字書きを出版。三月および四月、「X線と結晶」（英文）をNature 誌に発表。**漱石、胃潰瘍再発**。五月、「X線の結晶内透過に就て」（英文）を数学物理学会で発表。八月、父利正、高知の自邸で死去（七十七歳）。

**大正三（一九一四）年　三十七歳（漱石四十八歳）**

一月、前年末より帰省し越年。父の遺品整理をする。**四月、漱石『こころ』連載**（『東京朝日新聞』）。九月、甥の別役励夫が死去。同月、宇宙物理学の講義開始。月末には胃潰瘍で病臥中の漱石を見舞う。

**大正四（一九一五）年　三十八歳（漱石四十九歳）**

一月、長岡半太郎を訪ね物理学生に認識論を課すことを相談、帰りに漱石を訪問。二月、『地球物理学』を出版。同月、ポアンカレの翻訳「事実の選択」掲載（『東洋学芸雑誌』）。同月、三女雪子が生まれる。七〜八月、ポアンカレの翻訳「偶然」掲載（『東洋学芸雑誌』）。九月、気象学講義と地球物理学演習を開始。十二月、芥川龍之介らが木曜会に参加。滝田樗蔭《ちょいん》とも知り合う。この年から大正六年頃にかけて哲学問題に興味を持ち、ベルクソンやカント等の関連書籍を読み始める。

**大正五（一九一六）年　三十九歳（漱石五十歳）**

**五月、漱石『明暗』連載**（『東京朝日新聞』）。同月、漱石を訪問するが胃痛で病臥中。六月、「偶然的事象の見掛けの週期性」（英文）を数学物理学会で発表。七月、大学卒業式で、X線による原子配列を示す実験を天覧に供する。十一月、東京帝国大学理科大学教授に任命される。**同月、漱石、胃潰瘍で病臥。**十二月、胃潰瘍のため安静の診断を受ける（二日）。同月、漱石を見舞う（二、三日）。**九日、漱石危篤**の報を受け、医師の許可を得て早稲田へ行くも万策尽き、夕方帰宅（「病室の花」「夏目漱石先生の追憶」参照）。その後、**六時四十分逝去**の知らせを受ける。十二日の葬儀（青山斎場）は妻の寛子を列せしむ。二十八日、雑司ヶ谷墓地に遺骨埋葬に臨む。この年の日記末尾に「歳晩所感　夏目先生を失ふた事は自分の生涯に取つて大きな出来事である」と記す。同月二〇日、「物理学の基礎」を執筆開始。

**大正六（一九一七）年　四十歳**

一月、『漱石全集』の編集委員となる。二月、『渋柿』（漱石追悼号）に短歌「思ひ出るまゝ」を寄せる。七月、帝国学士院より「ラウエ映画の実験方法及其説明に関する研究」に対し恩賜賞を授与される。十月、妻寛子死去（三十一歳）。十一月、漱石俳句選集で松根東洋城、小宮豊隆と会談。十二月、津田青楓との交遊が始まる（「津田青楓君の画と南画の芸術的価値」参照）。

**大正七（一九一八）年　四十一歳**

四月、本郷区曙町十三番地ろノ五号の新居へ移る。同月、航空研究所兼任となる。同月、「液体膜の不安定性」および「電気火花の構造」（英文）を数学物理学会で発表。八月、酒井紳子（三十三歳）と結婚。十二月、中学時代の恩師、蓑田長政の告別式に行く（「蓑田先生」参照）。

**大正八（一九一九）年　四十二歳**

一月、四十度を越す発熱。三月、胃の不調続く。八月、病院検査の結果、胃の出血疑いが確認される。十一月、「雲の話」を講演（国民美術協会）。十二月、大学で胃潰瘍のため吐血し、大学病院へ入院、次第に快方し、年末退院（「病中記」「病院の夜明けの物音」参照）。

**大正九（一九二〇）年　四十三歳**

この年は大学を休職し静養。読書、随筆、絵画にいそしむ（「自画像」「芝刈」「球根」「春寒」「浅草紙」参照）、気象の計算（風の問題）も行うようになる（「春六題」参照）。五月、小宮豊隆と交代で『渋柿』の巻頭短文を書くようになり晩年まで続く。十一月、「物理学序説」を起稿開始。この年から、それまで使用していた藪柑子の他、新たに金米糖、有平糖、木螺《ぼくら》山人、木螺閑人、木螺先生といった筆名で随筆を書くようになり、さらに吉村冬彦の筆名も使い始める（「小さな出来事」等参照）。

**大正十（一九二一）年　四十四歳**

この年も静養を続け、ローマ字文も前年に続いて多く書き、写生にも出かけた（「写生紀行」参照）。五月、甥の別役亮が死去（「亮の追憶」参照）。六月、寺田家で子猫（三毛）を飼う（玉は翌月。「鼠と猫」「子猫」等参照）。七月、航空研究所所員になる。十一月、休職後、初めて出校し、気象学演習を開始。十二月、松根東洋城、小宮豊隆と共に漱石俳句研究会を始める（『渋柿』誌上に連載）。この頃から連句への発展も始まった。

**大正十一（一九二二）年　四十五歳**

三月、「風の合力」（英文）を数学物理学会で発表。五月、「茶碗の湯」が『赤い鳥』に掲載。同月、「太陽斑光と気圧」（英文）を、六月、「対流の週期的生成と太陽黒点週期」を同学会で発表。九月、「地震の頻度と太陽活動」（英文）を同学会で発表。十一月、アインシュタイン来日（「アインシュタイン」「相対性原理側面観」「アインシュタインの教育観」参照）。講義を聴き、歓迎会にも出席。十二月、漱石七回忌。この頃から弘田龍太郎についてバイオリンを習い始める。この年より連句制作の端緒や芭蕉研究会への興味が認められる（小宮豊隆宛書簡）。

**大正十二（一九二三）年　四十六歳**

一月、『冬彦集』を出版。二月、『藪柑子集』を出版。同月、松根東洋城と「日本文学の諸断片」として連句の研究を始める（『渋柿』誌上に連載）。同月、「風の息」（英文）を数学物理学会で発表。六月、ケーベル死去

（「廿四年前」参照）。九月、二科会展覧会を津田青楓と見物中に関東大震災に遭う（「断水の日」「石油ランプ」「地震雑感」「流言蜚語」「震災日記より」等参照）。以後、震災の調査にあたる。十一月、「旋風に就て」を土木学会で講演。十二月、「九月一日二日に起りたる旋風に就て」を航空学談話会で話す。同月、ニュートン祭の会計事務をしていた学生の中谷宇吉郎と初めて出会う。

**大正十三（一九二四）年　四十七歳**

二月、「伊吹山の句に就て」が『潮音』に掲載。同月、「九月一日二日の旋風に就て」を数学物理学会で発表。四月、「水素混合物の爆発」「気象ノート」を同学会で発表。同月、中谷宇吉郎、寺田研で卒業実験を始める（四高時代の先輩、湯本清比古の手伝い兼）。五月、理化学研究所研究員になる。同月、「大正十二年九月一日の地震に就て」を地質学会で講演。六月、松根東洋城と連句を作る。九月一日、「火災と気象との関係」を消防茶話会で講演。十一月、海軍よりSS航空船爆発の原因調査を委嘱され、水素混合物の爆発等の実験を始める（中谷宇吉郎「球皮事件」参照）。この年、上顎下顎の義歯を作り、以降、食生活が改善された。

**大正十四（一九二五）年　四十八歳**

一月、中谷宇吉郎が持参した線香花火の火花を顕微鏡で見る。二月、航空船爆発査問委員会にスパーク実験を見せる（中谷宇吉郎「寺田寅彦の追想」参照）。同月、前年の海外留学から帰国した小宮豊隆と松根東洋城の三人で、芭蕉連句研究の会合を開く（それまで寅彦と東洋城で連句は続けていた）。四月、前月に東京帝国大学物理学科を卒業した中谷宇吉郎が理化学研究所寺田研究室の助手になる。五月、「燃焼の伝播に就て」を数学物理学会で発表。六月、帝国学士院会員（地球物理学部員）になる。七月、『漱石俳句研究』（松根豊次郎・小宮豊隆共著）を出版。十月、最初の歌仙「水団扇」掲載（『渋柿』、松根東洋城との両吟）。これ以降も約五十巻ほど続く。十二月、「電光放電の機構」（英文）を帝国学士院で発表（中谷・湯本共著）。同月、「液体の運動に就て」（英文）を数学物理学会で発表（服部共著）。この年、酒井悌についてセロを習い始める。フレンチホルンとコルネットも購入。

**大正十五・昭和元（一九二六）年　四十九歳**

この年、理学部で「物理学に於ける統計的現象」および「火災論」の特別講義を開始。一月、東京帝国大学地震研究所所員を兼任。六月、母亀死去（八十四歳。七月、高知で埋葬）。同月、「砂の崩れ方の話」を地震研究所談話会で、「長い火花の形及び構造の予報」（英文、中谷共著）および「混合気体中の燃焼の伝播」（英文、湯本共著）を帝国学士院で発表。八月、松根東洋城と連句（塩原でも会う）。十一月、「水の運動に関する実験」（服部共著）を航空学談話会で発表。十二月、「弾性波の実験（第一報）」（坪井共著）を地震研究所談話会で発表（第二、三報も翌年）。十二月二十五日、昭和に改元。この年は、ほぼ毎月一回は松根東洋城と連句。

**昭和二（一九二七）年　五十歳**

三月、地震研究所所員専任となり、理学部では特別講義を受け持つ。後日、この時のことを「身を捨てて浮ぶ瀬ありし月と花」と詠む。同月、「砂の崩れ方の話」（宮部共著）を地震研究所談話会で発表。六月、西洋の新論文を紹介するのが慣例の物理懇話会で、ルクレティウス『物の本質について』の英訳（エブリマン文庫、Of the Nature of Things. A Metrical Translation by W. E. Leonard）を紹介する（翌年八月、「ルクレチウスと科学」執筆）。七月、甥伊野部重彦死去、高知へ行き、これが最後の帰郷となる。同月、仙台に行き、松島に遊ぶ。小宮豊隆と連句。同月十七日から八月十一日にかけて、随筆「備忘録」を書く（『思想』掲載、十一月には同誌に「怪異考」掲載）。この頃からアーレニウスの『Das Wenden der Welten』の翻訳始める。八月、松根東洋城、小宮豊隆、津田青楓と塩原で連句。十月、「砂の崩壊に就て」（宮部共著）を地震研究所談話会で発表、「大気の運動に就て」を水産講習所で講演。十二月、中谷宇吉郎、「線香花火及び鐵の火花に就いて」（関口共著）を『理化学研究所彙報』に発表。

**昭和三（一九二八）年　五十一歳**

前年から続いていた言語や語源に関する研究が、「土佐の地名」（一月）や「比較言語学に於ける統計的研究法の可能性に就て」（三月）として雑誌に掲載。二月、中谷宇吉郎、欧州留学。三月、酒田へ測地学委員会の用件で赴き、「羽越紀行」（寅彦の「奥の細道」）を物する。五月、「夏目先生の俳句と漢詩」掲載（『漱石全集』第十三巻、月報第三号）。この頃から、バイオリンを水口幸磨について習い始める。十二月、漱石十三回忌。この年は発表した論文数が頂点を極め、中でも最多の地震関係は関東大震災や丹後地震に関する地殻変動が主で、火花の構造（中谷共著）や燃焼の伝播（湯本共著）、対流による渦生成などが続いて多かった。

**昭和四（一九二九）年　五十二歳**

三月、「三部火花による可燃性気体の点火」（英文、湯本・山本共著）を帝国学士院で、「砂層の崩壊に関する実験」（宮部共著）を地震研究所談話会で発表。四月、『万華鏡』を出版。同月、小宮豊隆の上京により寺田家で連句の会。五月、「ハロゲン化合物蒸気の長い火花の構造への影響」（英文、中谷・山本共著）を帝国学士院で発表。六月、「火山の形」（英文）を同院で、「金属薄膜に関する二三の実験」（田中共著）を航空学談話会で、「丹後震災地付近に於ける地殻の変動」（宮部共著）を地震研究所談話会で発表。この頃から、映画を見るようになり、のちに映画評論、モンタージュ論など、連句との関係を論ずるようになる（「映画時代」「映画雑感」「映画芸術」「連句雑俎」等参照）。この年後半から翌年にかけて、地殻変動や火山に関する論文が相次いだ（「火山の名に就て」等参照）。

**昭和五（一九三〇）年　五十三歳**

二月、中谷宇吉郎が欧州留学から帰国（四月より北海道帝国大学助教授として赴任）。六月、内ヶ崎直郎と「破れ目」の研究を始める。七月、福島浩、「金平糖の生成と其形状について」を『理化学研究所彙報』に発表。九月、秦野へ震生湖（地震の跡）を見に行き、句作もする（「震生湖より」参照）。十二月、「地震に伴う光の現象」を地震研究所談話会で発表。この頃より、地震に伴う光物について調べ始める。

**昭和六（一九三一）年　五十四歳**

一月、幸田露伴を初めて訪問（小宮豊隆同席）。二月、落椿の力学とその進化論的意義の研究を始める（藤岡由夫宛書簡）。三～十二月、「連句雑俎」連載（『渋柿』）。毎週金曜日には、航空研究所（前年に越中島から駒場へ移転）の帰りに新宿で松根東洋城と連句をするようになる。四月、「日常身辺の物理的諸問題」掲載（『科学』）。同月、「地震と雷雨の関係」を地震研究所談話会で発表。五月、「火災の物理的研究（第一報）」（内ヶ崎共著）と「固体の破壊に関する二三の考察」を理化学研究所学術講演会で発表。六月、「破れ目と電子のアナロジー」（英文）を帝国学士院で、「ワレメに就て」を地震研究所談話会で発表。七月、「地震群に就て」を同会で発表。八月、欧州留学中にやっていた玉突き（ビリヤード）を始める。十月、「量的と質的と統計的と」掲載（『科学』）。同月、アーレニウスの翻訳『史的に見たる科学的宇宙観の変遷』を出版。十一月、「硝子板の割目（Ⅰ）」（平田・山本共著）および「山林火災と不連続線」（内ヶ崎共著）を理化学研究所学術講演会で発表。この頃、写真を撮りに歩くようになる（「カメラを提げて」参照）。

**昭和七（一九三二）年　五十五歳**

一月、「沿面放電に依って電媒質に生ずる割れ目」（英文、平田・山本共著）を帝国学士院で、「地震と漁獲」（渡部共著）を地震研究所談話会で発表（この年以降も、地殻変動や海底、温泉分布に関する論文も多数）。同月、「物理学圏外の物理的現象」掲載（『理学界』）。三月、長男東一が東京帝国大学を卒業し、中谷宇吉郎のいる北海道帝国大学理学部助手になる。五月、「椿の花の落ち方に就て」（内ヶ崎共著）および「水晶球の打撃像」（平田・山本共著）を理化学研究所学術講演会で発表。六月、『続冬彦集』を出版。同月、「中空紡錘状流水柱の生成」（田中・伊藤共著）を航空談話会で、「地震の分布と観測所の分布」を地震研究所談話会で発表。八月、「天文と俳句」掲載（『俳句講座』第七巻）。九月、田丸卓郎死去（「田丸先生の追憶」参照）。同月末より十月初めにかけて、北海道帝国大学理学部で地球物理学に関する講義を行うため札幌に滞在、途中仙台に泊まり、小宮豊隆と会う（「札幌まで」参照）。十月、「地磁気の分布と日本の構造」を地震研究所談話会で発表（十二月続報）。十一月、「俳諧の本質的概論」掲載（『俳句講座』第三巻）。同月、「墨流しの現象」（内ヶ崎共著）を理化学研究所学術講演会で発表。同月末頃より藤岡由夫（セロ）と坪井忠二（ピアノ）と共に合奏を行うようになる（寅彦はバイオリン）。十二月七日、三女雪子が鎖骨を折る怪我（「雪子の日記」「鎖骨」参照）。十三日に藤の実の射出に遭遇し、その後つぶさに検証・確認する（「藤の実」参照）。暮れは白木屋で日本初のビル火災があった（「火事教育」「銀座アルプス」参照）。

**昭和八（一九三三）年　五十六歳**

一月、「Image of Physical World in Cinematography」がイタリアの通俗科学雑誌 Scientia に掲載（「映画の世界像」「耳と目」参照）。二月、「自然界の縞模様」掲載（『科学』）。四月、「物質群として見た動物群」掲載（『理学界』）。五月、「藤の実の射出される物理的機構」（平田・内ヶ崎共著）、「墨汁皮膜の硬化に及ぼす電解質の影響」(内ヶ崎共著)、「墨汁粒子の毛管電気現象」(山本共著)を理化学研究所学術講演会で発表。同月、「統計に因る地震予知の不確定度」を地震研究所談話会で発表。六月、『柿の種』を出版。同月、「地震予知の不確定度に就て」(英文)を帝国学士院で発表。七月、沓掛の星野温泉へ行く(子供達は先行)。八月、再び星野温泉に約一週間程滞在(「軽井沢」「浅間山麓より」「沓掛より」参照)。十月、『物質と言葉』を出版。同月、夫人同伴で伊香保へ行く(「伊香保」参照)。この頃より郊外にドライブを始める(「異質触媒作用」参照)。十一月、「墨汁粒子の電気的諸性質(続報)」(山本・渡部と共著)を理化学研究所学術講演会で発表。十二月、『蒸発皿』と『地球物理学』(大正四年出版の改訂版)(坪井忠二と共著)を出版。

**昭和九(一九三四)年　五十七歳**

一月、オスカー・フィッシンガーのアニメーション映画『光の交響楽』の中の「躍る線条」の試写を見る(「躍る線条」参照)。同月、「墨汁の物理的性質」(英文、山本・渡部共著)を帝国学士院で発表。二月、平田森三宛に「豆の模様を球面にアップビルドする方法」を伝える。この方法は、後に猫の斑を調べる際に用いられている。同月、「粉末堆層の破壊に関する実験」を地震研究所談話会で発表。三月、「俳諧瑣談」掲載(『俳句研究』)。四月、渡邊慧宛に「墨汁のつゞきや割れ目と生命、キリンの縞や蝶や蠅の膜翅の気脈の分布」の研究について知らせる。五月、「割れ目と生命」、「墨汁の諸性質(第三報)」(山本・渡部共著)を理化学研究所学術講演会で発表。同月、三月二十一日にあった「函館の大火に就て」随筆を書く。七月、次姉伊野部幸が死去(七十歳、高知市朝倉)。同月、星野温泉に約一週間程滞在(子供達は先行)。八月、再び星野温泉に約一週間程滞在(「家鴨と猿」「疑問と空想」参照)。九月、三たび星野温泉に三日程滞在。同月末、上高地へ夫人と行く(「雨の上高地」参照)。十一月、「俳句の型式とその進化」掲載(『俳句研究』)。同月、「墨汁の諸性質(第四報)」(山本・渡部共著)、「二三の生理光学的現象」(山本・渡部共著)を同講演会で発表。十二月、『触媒』を出版。

**昭和十(一九三五)年　五十八歳**

四月、「コロイドと地震学(第一報)」を地震研究所談話会で発表。同月、次女弥生と三女雪子を伴い、箱根からバスで熱海へ遊ぶ(「箱根熱海バス紀行」参照)。

五月、「割れ目と生命（第二報）」（渡部共著）、「墨汁の諸性質（第五報）」（山本・渡部共著）を理化学研究所学術講演会で発表。六月、「重水を含む墨汁の電気泳動」（英文、山本共著）を帝国学士院で発表。七月、『蛍光板』を出版。同月、中部地方の地震被害調査（「静岡地震被害見学記」参照）。中旬に星野温泉に五日程滞在（「高原」参照）、月末に再び五日程滞在し、この時は家族と別でグリーンホテルで「日本人の自然観」を執筆。八月、三たび星野温泉に一週間程滞在（「小浅間」「小爆発二件」参照）、月末に四たび星野温泉に三日程滞在、行きの車中で松根東洋城と遭遇し、車中連句を作る。九月、帰ると間もなく脚・腰に痛みを覚える。中旬から床に就く。同月中旬、「浅間火山爆発実見記」を地震研究所談話会で発表し、これが学会での最後の自らの講演となる。十月、「俳句の精神」掲載（『俳句作法講座』第二巻）。同月、脊椎骨に損傷があることがわかり、絶対安静となる。十一月、「墨汁の諸性質（第六報）」（山本・渡部共著）を理化学研究所学術講演会で発表（代読）。同月、幸田露伴と小林勇が見舞に来る。同月、三女雪子結婚。十二月二十七日、長男東一と小野礼子の婚約成立。三十一日午後零時二十八分、転移性骨腫瘍で死去。

**昭和一一（一九三六）年**

一月、谷中にて告別式（神式）。遺骨は高知市東久万の代々の墓地に埋葬。三月、『橡の実』を出版。

※年譜作成にあたり、『寺田寅彦全集』（新版・岩波書店）および『寺田寅彦』（矢島祐利著、岩波書店）を参照しました。

（監修：川島禎子／高知県立文学館主任学芸員）

## 寺田寅彦（てらだ・とらひこ）

1878 ～ 1935 年。物理学者、随筆家。東京帝国大学理科大学教授、航空研究所兼任、理化学研究所研究員、東京帝国大学地震研究所所員を歴任。熊本第五高等学校時代に夏目漱石に俳句の指導を、田丸卓郎にバイオリンの影響を受ける。ミクロからマクロまで多くの自然現象に深い関心を持ち、複雑系や形の科学の流れを先取りするスタイルで研究を進めた。物理の本質を見抜く洞察と科学的精神はルクレティウスを彷彿する。豊かな表現力で創作された数々の随筆作品は日本文学でも高く評価されている。晩年は特に、松根東洋城と小宮豊隆との俳諧連句の作を多く残した。この他、絵画や音楽、写真、映画など芸術へ注いだ情熱も高かった。これらの衣鉢は、中谷宇吉郎をはじめ、平田森三、宇田道隆、藤原咲平、藤岡由夫、坪井忠二、矢島祐利、渡辺慧といった多くの門下に受け継がれた。主な著書は『藪柑子集』『冬彦集』『続冬彦集』『蒸発皿』『万華鏡』『物質と言葉』『地球物理学』『海の物理学』（ローマ字書き）など多数。郷里の高知県高知市には「高知県立文学館 寺田寅彦記念室」や「寺田寅彦記念館」がある。

## 中谷宇吉郎（なかや・うきちろう）

1900 ～ 1962 年。物理学者、随筆家。東京帝国大学理学部物理学科で寺田寅彦に教えを受け、卒業後は理化学研究所寺田研究室の助手を務めた。イギリス留学を経て、北海道帝国大学理学部教授、北海道大学理学部教授を歴任。財団法人農業物理研究所や映画プロダクション「中谷研究室」も創始した。初期における電気火花や軟 X 線（博士論文）の研究に加えて、人工雪の開発にも大きな成果を上げ、凍上や着氷、雷、霧といった実用的な研究でも優れた結果を残している。卓抜な着想と多くの点で師の寺田寅彦の人生に酷似しており、専門に関する研究だけでなく、数々の随筆や論説、評論も書いた。主な著書は、『冬の華』『樹氷の世界』『雪』『雷』『科学の方法』など多数。生地の石川県加賀市には「中谷宇吉郎 雪の科学館」がある。

## 福島 浩（ふくしま・ひろし）

1927 年、東京帝国大学理学部物理学科入学、1930 年卒業。1935 年、理化学研究所寺田研究室嘱託。1938 年、理化学研究所清水（武雄）研究室助手。寺田研究室では、卒業研究として「金平糖の生成と其形状について」を『理化学研究所彙報』に発表。その後「陶器の割れ目に関する研究」を進め、清水研究室では「波浪に関する研究」をし、1938 年には「磯波の現象に関する二、三の観測」を『理化学研究所彙報』に発表した。著書には、『物理学に於ける統計的現象』（岩波書店、科学文献抄シリーズ 15 巻）がある。

松下 貢（まつした・みつぐ）
1943年生まれ。東京大学大学院理学系研究科物理学博士課程修了。理学博士。日本電子開発部、東北大学助手、中央大学教授を歴任。中央大学名誉教授。専門は複雑系科学。主な編著書に、『統計分布を知れば世界が分かる―身長・体重から格差問題まで』（中公新書）、『フラクタルの物理Ⅰ・Ⅱ』『物理学講義』シリーズ 『物理数学（増補修訂版）』（裳華房）、『生物に見られるパターンとその起源』（東京大学出版会）などがある。趣味は簡単な肴を作り、ハタハタ寿司、豆腐のもろみ漬けなどの発酵食品はネットで取り寄せ、全国各地の地酒で家飲みすること。

早川美徳（はやかわ・よしのり）
1960年、岐阜県奥飛騨生まれ。東北大学大学院工学研究科電子工学専攻修了。工学博士。東北大学助手、東北大学准教授を経て、現在、東北大学データ駆動科学・AI教育研究センター教授（同センター長）。専門は非平衡系のパターン形成や動物の群れなどの集団動力学。主な編著書に『数理思考演習』（共立出版）がある。本書で触れた金米糖についての研究論文は、日本物理学会英文論文誌（JPSJ）の注目論文(Papers of Editors' Choice) に選ばれている。

川島禎子（かわしま・さちこ）
1976年生まれ。筑波大学大学院博士課程人文社会科学研究科修了。文学博士。現在、高知県立文学館主任学芸員。専門は明治文学。共著書に『科学絵本　茶わんの湯』『寺田寅彦「藤の実」を読む』（窮理舎）がある。高知県立文学館では、紀貫之から有川ひろまで、高知の独特な風土が生み出した多士済々な文学者の資料をローテーション方式で展示し、さらに寺田寅彦記念室、宮尾登美子の世界などの特別室を設けている。

井上智博（いのうえ・ちひろ）
1980年、福岡県生まれ。九州大学大学院工学研究院航空宇宙工学部門准教授。博士（工学）。東京大学大学院修了後、助教、特任准教授を経て現職。ロケットや航空機のエンジン内部の熱流動を研究しながら、線香花火など身の回りの美しい現象を趣味で探究している。

寺田寅彦「線香花火」「金米糖」を読む

2023年8月11日　初版第1刷発行

著　者　松下 貢　早川美徳　井上智博　川島禎子
発行者　伊崎修通
発行所　窮理舎
〒326-0824　栃木県足利市八幡町487-4
電話　0284-70-0640　　FAX　0284-70-0641
https://kyuurisha.com
印刷·製本　精興社
装　　丁　椋本サトコ



ISBN 978-4-908941-40-5  C3040

# 寺田寅彦『物理学序説』を読む

細谷暁夫　著

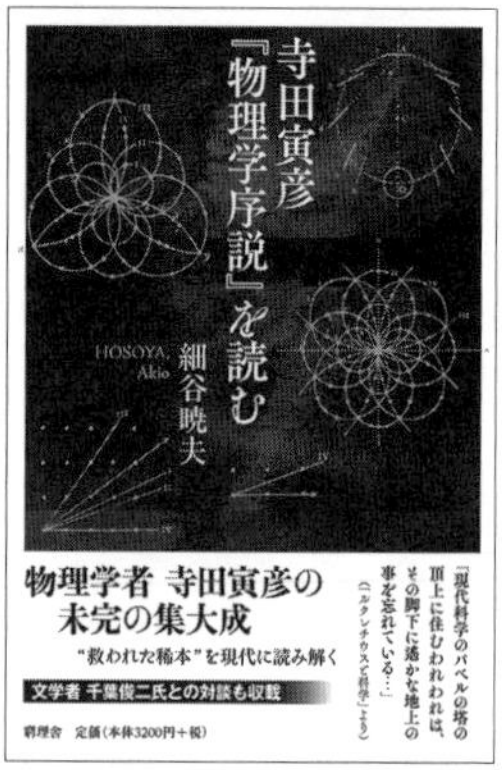



2020年12月31日発行
四六判　上製
口絵2頁　312頁
本体3200円（＋税）
ISBN 978-4-908941-24-5
C3042


夏目漱石の高弟として多くの名随筆を残した寺田寅彦が、物理学者として、そのエッセンスをまとめた未完の集大成が『物理学序説』です。

本書は、“物理学者 寺田寅彦”の方法序説ともいえる『物理学序説』を、現代物理学の視点から新たに読み解き、文学研究者の千葉俊二氏との対談では、寅彦の物理学への思想の背景にあった漱石との関係などを、文学や歴史の観点から探っていきます。

『物理学序説』原文および注釈に加え、門下の中谷宇吉郎による後書や、寅彦訳ポアンカレの「偶然」等の付録も充実させて収載。

物理学を学ぶ人、研究する人、それぞれが自身の物理観を育て、反省する上での格好のビタミン剤となる書。

【目次構成】　はじめに／寺田寅彦『物理学序説』を読む（解説）／物理学と文学の対話（千葉俊二氏との対談）／物理学序説（原文）／附録・後書（寺田寅彦・ポアンカレ・中谷宇吉郎）／注釈／あとがき

窮理舎刊